Dörken | Steinecke – Blüten, Samen und Früchte

Veit Martin Dörken | Hilke Steinecke

Blüten, Samen und Früchte

Was Sie schon immer fragen wollten – 222 Antworten für Neugierige

Quelle & Meyer Verlag Wiebelsheim

Die Angaben in diesem Buch sind von den Autoren und dem Verlag sorgfältig erwogen und geprüft, dennoch kann keine Garantie übernommen werden. Eine Haftung der Autoren bzw. des Verlags und seiner Beauftragten für Personen-, Sach- und Vermögensschäden ist ausgeschlossen.

Bibliografische Information der Deutschen Nationalbibliothek
Die Deutsche Nationalbibliothek verzeichnet diese Publikation in der Deutschen Nationalbibliografie; detaillierte bibliografische Daten sind im Internet über http://dnb.d-nb.de abrufbar.

Umschlagabbildungen: Veit Martin Dörken
Satz: Dr. Claudia Pauli
Druck und Verarbeitung: Print Consult GmbH, München
Printed in Europe/Imprimé en Europe
ISBN 978-3-494-01876-8

Inhalt

Vorwort

Die Themen Blüte und Frucht und auch die Beziehungen zwischen Blüten und deren Bestäubern sind nach wie vor brandaktuell. Mit 222 spannenden Fragen rund um Blüten, Früchte und Samen wollen wir in dieses faszinierende Gebiet der Botanik einführen. Das Buch beinhaltet daher Themenblöcke wie Morphologie, Artenkenntnis, Ökologie, Pflanzen-Tier-Beziehungen, Gärtnerisches, Kulinarisches und Kurioses. Die einzelnen Fragen werden anhand eines kurzen Textes, und wenn nötig, mit aussagekräftigen Fotos (Standortaufnahmen, morphologische Details, Bestäuber-Blüten-Beziehungen etc.) beantwortet.

Der Verfasser sowie die Verfasserin verfügen über langjährige Erfahrungen in Lehr- und Veranstaltungstätigkeiten sowie vielen Kontakten zu Studierenden, Fachgruppen, interessierten Laien oder Schulklassen. Es war deshalb nicht so schwer einzuschätzen, welche Themen besonders interessieren oder wo noch Wissenslücken bestehen. In dieser Publikation werden 222 Fragen auf eine leicht verständliche und trotzdem fundierte, und teilweise auch humorvolle Art und Weise beantwortet. Somit spricht dieses Buch Biologinnen und Biologen, Umweltpädagoginnen und -pädagogen, Gartenfans und auch an Natur interessierte Laien an.

Da sich dieses Buch an einen großen Leserkreis mit vermutlich etwas unterschiedlichen Interessensschwerpunkten richtet, spiegelt sich dies auch in der Auswahl der Fragen wider. So werden einerseits recht komplexe morphologisch-anatomische Fragen behandelt. Auf der anderen Seite kommt auch Kurioses, Erstaunliches oder Humorvolles nicht zu kurz.

Aufgrund des kleinen Formates kann dieses Buch schnell in die Tasche gesteckt und auf einen Ausflug in die Natur mitgenommen werden. Es soll auch inspirieren, sich gerade vor Ort für bestimmte Fragen zu interessieren.

Wir bedanken uns recht herzlich bei Evamaria Dörken, Petra Jung, Thorsten Müller, Dr. Gunvor Pohl-Apel, Dr. Marco Schmidt, Dr. Peter Schubert, Ingo Trepte, Niklas Weiß und Dr. Ilse Zündorf für deren hilfreiche Kommentare, Diskussionen und Anregungen sowie die kritische Begutachtung des Manuskriptes, was maßgeblich zum Gelingen dieses Buches beigetragen hat.

PD Dr. Veit Martin Dörken & Dr. Hilke Steinecke
Konstanz und Frankfurt am Main 2022

Blütenpflanzen

Einteilung, Gliederung, Artenzahlen

1 Was ist eine Blütenpflanze und wie sind deren Blüten aufgebaut?

Unter der Bezeichnung „Blütenpflanze" werden sämtliche Arten der Bedecktsamer (Angiospermen) zusammengefasst. Hierbei handelt es sich um eine Gruppe von Samenpflanzen, deren Fortpflanzungsorgane in charakteristischen zwittrigen Blüten zusammengefasst sind, wie man dies zum Beispiel von den Kirschblüten her kennt. Diese bauen sich von außen nach innen aus vier unterschiedlichen Organen auf, deren Abfolge niemals vertauscht sein kann: Kelch-, Kron-, Staub- und Fruchtblätter. Die meist unauffälligen, kleinen Kelchblätter haben eine wichtige Schutzfunktion für die junge Blüte. Die in der Regel sehr auffällig geformten und gefärbten Kronblätter stellen den Schauapparat der Blüte dar und locken somit Insekten an. Die Staubblätter sind die männlichen Strukturen und produzieren die Pollenkörner. Die Samenanlagen tragenden Fruchtblätter hingegen sind weiblich. Dieser Grundtyp hat jedoch in den unterschiedlichen systematischen Gruppen teilweise starke Abwandlungen erfahren, sodass einige Elemente fehlen können. Beispielsweise sind in windbestäubten Arten Kelch- und Kronblätter meist extrem reduziert oder fehlen gänzlich. In eingeschlechtlichen Blüten fehlen entweder die Staub- oder die Fruchtblätter. Bei den einkeimblättrigen Blütenpflanzen fehlt meist eine Untergliederung der Blütenhülle in Kelch- und Kronblätter.

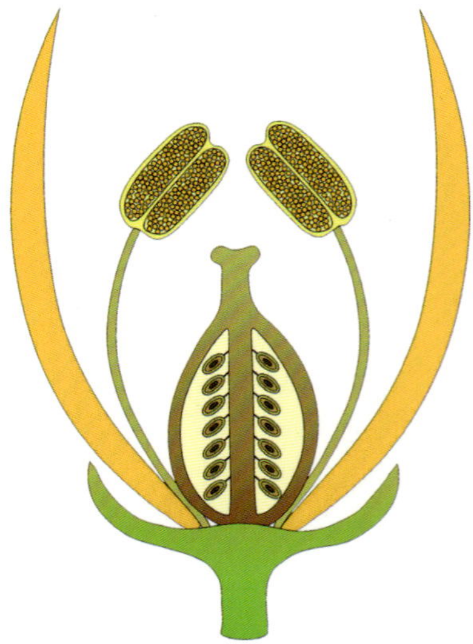

Schematischer Längsschnitt durch eine zwittrige Angiospermenblüte. (VMD)

2 Wie unterscheiden sich Bedecktsamer von Nacktsamern?

Die heutigen Samenpflanzen (Spermatophyta) werden in zwei Hauptgruppen unterteilt: Bedeckt- (Angiospermen) und Nacktsamer (Gymnospermen). Nacktsamer stellen unter den heutigen Samenpflanzen die ursprüngliche Gruppe dar und umfassen die Palmfarne, *Ginkgo*, die Koniferen (Nadelbäume) und Gnetaten (dazu zählen die 3 Familien Meerträubel-, Gnetum- und Welwitschiengewächse, die jeweils nur eine Gattung umfassen). Eines der Hauptunterscheidungsmerkmale von Bedeckt- und Nacktsamern ist, dass bei den Bedecktsamern die Samenanlagen von einem Fruchtblatt vollständig umschlossen (bedeckt) sind. Bei den Nacktsamern fehlt solch ein Fruchtblatt und die Samenanlagen werden hier frei ausgebildet (nackt). Aufgrund des Fehlens eines Fruchtblattes können Nacktsamer im Unterschied zu den Bedecktsamern auch keine Früchte, sondern nur Samen ausbilden, wenngleich einige auch einen fruchtartigen Eindruck vermitteln wie der Wacholder mit seinen „Beerenzapfen". Zwitterblüten, wie sie typisch für Bedecktsamer sind, fehlen bei den Nacktsamern, wie auch eine auffällige Blütenhülle. Durch die Ausbildung der Narben an den Fruchtblättern existiert bei den Bedecktsamern ein gemeinsames, die Pollenkörner einfangendes Gewebe. Von diesem ausgehend, können mehrere Samenanlagen mit Pollenkörnern versorgt werden. Diese Struktur fehlt den Nacktsamern ebenfalls. Daher ist bei den Nacktsamern jede Samenanlage für das Einfangen von Pollenkörnern selbstverantwortlich. Dadurch wird eine Befruchtung der Eizelle in der Samenanlage ermöglicht.

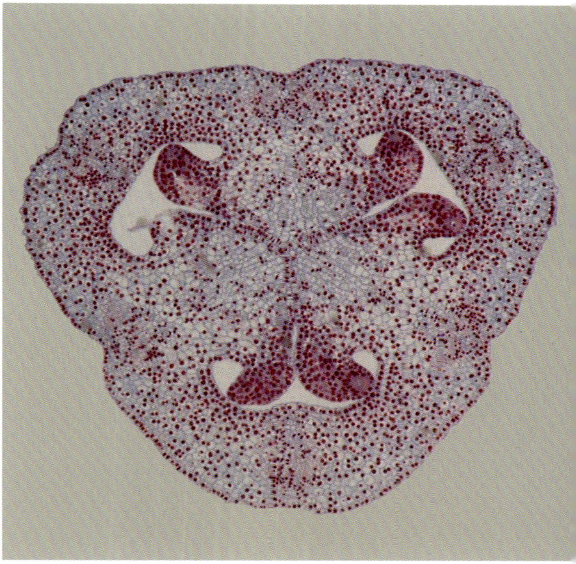

Madonnen-Lilie (*Lilium candidum*), Querschnitt durch einen Fruchtknoten. (VMD)

3 Wie viele Arten von Blütenpflanzen gibt es auf der Welt?

Je nach systematischer Auffassung schwanken die Zahlen zwischen 250.000 und 500.000 Arten, vermutlich liegt der realistischste Wert irgendwo in der Mitte. Aber wieso kommt es überhaupt zu solch unterschiedlichen Einschätzungen? Im artenarmen Konzept werden viele Kleinarten in übergeordneten Sammelarten zusammengefasst oder in die systematische Rangstufe einer Unterart oder Varietät eingestuft. In der artenreichen Variante erhalten auch zahlreiche lokale Formen den Status einer Kleinart. In der heimischen Flora sind zum Beispiel die Gattungen Brombeere (*Rubus*), Mehlbeere (*Sorbus*) und Löwenzahn (*Taraxacum*) klassische Vertreter dafür, die je nach Auffassung entweder dutzende lokaler Kleinarten umfassen oder bis auf wenige, umfangreichere Sammelarten zusammengefasst sind. Diese Sammelarten werden auch als Aggregate bezeichnet und mit agg. gekennzeichnet, wie auch das Niederliegende Fingerkraut (*Potentilla anglica* agg.).

4 Hat jede Blütenpflanze einen eindeutigen wissenschaftlichen Namen?

Jede Pflanze hat einen wissenschaftlichen, latinisierten bzw. einen an das Griechische angelehnten Namen. Dies ist wichtig, denn die volkstümlichen Bezeichnungen sind nicht immer eindeutig, wie nachfolgend am Beispiel der Butterblume aufgezeigt wird. In Deutschland tragen zwei Arten aus ganz verschiedenen und nicht näher verwandten Gattungen wegen ihrer buttergelben Blüten je nach Region diesen Namen. Es handelt sich um den Scharfen Hahnenfuß (*Ranunculus acris*) und den Löwenzahn (*Taraxacum officinale*). Von Letzterem gibt es in Deutschland noch rund 350 weitere lokale volkstümliche Namen. Diese nicht eindeutige Namensverwendung kann zu Verwirrung führen. Der wissenschaftliche Name wird international verstanden. Der Artname besteht aus zwei Wörtern. Das erste Wort gibt die Gattung an, zu der die Art gehört. Das zweite Wort ist der Artbeiname. Dahinter gehört zudem der Name des Botanikers (Autors), der die Pflanze unter einem wissenschaftlichen Namen zuerst veröffentlicht hat. Hinter vielen Namen steht deshalb noch ein LINNÉ, abgekürzt als L., so auch bei *Ranunculus acris* L. Der Autorenname wird aber oft weggelassen, wenn klar ist, um welche Art es sich handelt. Diese binäre Nomenklatur wurde 1735 vom schwedischen Botaniker CARL V. LINNÉ eingeführt.

Löwenzahn (*Taraxacum officinale*), eine von mehreren als Butterblume bezeichneten Arten. (HST)

5 Was ist der Unterschied zwischen einer Blume und einer Blüte?

Umgangssprachlich werden die Begriffe Blume und Blüte häufig synonym verwendet. Dies ist aus botanischer Sicht aber nicht immer ganz richtig. Die Blüte ist immer eine klar abgrenzbare morphologische Einheit, die umgewandelte Blattorgane trägt, die der Fortpflanzung dienen. Als Blume wird hingegen eine bestäubungsbiologische Einheit bezeichnet, egal wie ihr tatsächlicher Aufbau ist. Hinsichtlich der Wahrnehmung durch den Bestäuber, lassen sich drei Blumentypen erkennen. Repräsentiert eine Einzelblüte allein die Blume, spricht man von einem Euanthium. In dem Falle entspricht die Einzelblüte der Bestäubungseinheit, wie bei der Narzisse. Besteht aber die Blume aus vielen Einzelblüten, handelt es sich um ein Pseudanthium. So ist die vermeintliche „Blüte" des Gänseblümchens keine Einzelblüte, sondern ein stark reduzierter, köpfchenartiger Blütenstand mit mehreren Blüten. Dieser wird aber vom Bestäuber als eine Bestäubungseinheit angesehen. Besteht eine Einzelblüte aus mehreren unabhängigen Bestäubungseinheiten, wird jede einzelne Teilblüte als Meranthium bezeichnet. Bei der Schwertlilie ist die Einzelblüte in drei räumlich voneinander getrennte lippenförmige Teilblüten gegliedert, die einzeln vom Bestäuber angeflogen werden. Die Irisblüte besteht also aus drei Blumen.

6 Wann sind Pflanzen einhäusig und wann zweihäusig?

Die Begriffe einhäusig (monözisch) und zweihäusig (diözisch) beschreiben die Geschlechterverteilung auf einer Pflanze. Sind auf einer Pflanze sowohl männliche als auch weibliche Fortpflanzungsorgane vorhanden, wird dies als einhäusig bezeichnet. Werden diese hingegen auf verschiedenen Pflanzen gebildet, gibt es funktionell rein männliche bzw. rein weibliche Pflanzen. Die Zweihäusigkeit ist ein effektiver Mechanismus zur Verhinderung von Selbstbestäubung bzw. Selbstbefruchtung. Zweihäusigkeit findet man in der heimischen Flora zum Beispiel bei Leimkräutern (*Silene*) und Sanddorn (*Hippophae rhamnoides*). Die Zweihäusigkeit erkennt man oft an dem Artbeinamen *dioica*. Beispiele dafür sind Zaunrübe (*Bryonia dioica*), Rote Lichtnelke (*Silene dioica*) und Katzenpfötchen (*Antennaria dioica*). Zweihäusigkeit darf nicht damit verwechselt werden, dass auf einer Pflanze männliche und weibliche Organe in jeweils getrenntgeschlechtlichen Blüten stehen (z. B. Haselstrauch). Denn Blüten beider Geschlechter stehen noch immer auf derselben Pflanze. Tipp: Wer sich Kiwis (*Actinidia sinensis*) pflanzt und ernten möchte, muss aufpassen: Kiwi ist zweihäusig, eine weibliche Pflanze benötigt auch einen männlichen Pollenspender. Oder man besorgt sich Züchtungen mit Zwitterblüten.

Weißes Leimkraut (*Silene latifolia*), Blüten einer männlichen Pflanze mit Staubblättern links und einer weiblichen mit sichtbaren Narben rechts. (VMD)

7 Wie oft können Pflanzen blühen?

Wie oft eine Pflanze blühen kann, hängt von ihrer Lebensweise ab. Bei einjährigen Pflanzen erfolgen Keimung, Wachstum und Blütenbildung in derselben Vegetationsperiode. Diese Pflanzen sterben nach einmaligem Blühen und Fruchten ab (z. B. Sonnenblume). Bei zweijährigen Pflanzen wie der Nachtkerze (*Oenothera biennis*) erfolgt die Keimung im ersten Jahr, während die Blüten im darauffolgenden Jahr gebildet werden. Mehrjährige Pflanzen wie der Klippenkohl (*Brassica oleracea* ssp. *oleracea*) wachsen über mehrere Jahre hinweg, bis sie einmalig blühen und danach absterben. Viele mehrjährige Arten blühen aber entweder fortlaufend oder jahreszeitlich saisonal. Manche Baumarten können über Jahrhunderte oder gar Jahrtausende hinweg jedes Jahr erneut blühen und Früchte bilden.

8 Wo werden Blüten an der Pflanze gebildet?

Blüten oder Blütenstände bilden sich ausschließlich in den Achseln von Blättern oder terminal am Sprossende, niemals aber auf Blättern. Es gibt Pflanzen, die dies scheinbar aber doch tun. Bei dem im Mittelmeergebiet heimischen Mäusedorn (*Ruscus aculeatus*) bilden sich auf blattartig anmutenden Strukturen kleine weiße Blüten, aus denen später rote Beerenfrüchte hervorgehen. Diese Strukturen sind aber keine Blätter, sondern blattartige Sprosse (Phyllokladien), die wie Blätter Fotosynthese betreiben. Die eigentlichen Blätter sind schuppenartig. Der aus Asien stammende und bei uns winterharte Zierstrauch *Helwingia chinensis* entwickelt tatsächlich echte Blätter, auf deren Mittelrippe kleine doldige Blütenstände und später die Früchte stehen. Die Blütenstände werden aber in den Blattachseln angelegt. Die Anlagen für das Blatt und den Blütenstand verwachsen sehr früh miteinander und entwickeln sich zeitgleich, wobei der Blütenstand auf das Blatt „verschoben" wird (= Rekauleszenz).

Helwingia chinensis, rekauleszente Verlagerung des Blütenstandes auf die Blattspreite. (HST)

9 Was versteht man unter Stängelblütigkeit?

Bei vielen tropischen Bäumen mit großen und vor allem schweren Früchten werden die Blüten bzw. Früchte nicht an kleinen seitlichen Kurztrieben, sondern unmittelbar am Stamm und an großen Seitenästen gebildet. Diese Stängelblütigkeit (Kauliflorie) gewährleistet, dass das Gewicht der mitunter sehr großen und schweren Früchte später nicht zum Abbrechen der Äste führt. Dass sich bei einigen Arten die Blüten und dann später auch die Früchte am Hauptstamm befinden, hat aber auch etwas mit der Bestäubungsbiologie zu tun. Die stammbürtigen Blüten sind auf Grund ihrer exponierten, frei und leicht zugänglichen Lage für verschiedenste Bestäuber je nach Lebensweise besser sichtbar und erreichbar. So werden die winzigen Blüten des Kakaobaumes von Mücken bestäubt, die am Hauptstamm krabbeln. Der Kalebassenbaum wird von Fledermäusen bestäubt. Blüten, die sich am Hauptstamm nicht direkt zwischen dem Laub befinden, können durch das Echolotsystem der Fledermäuse besser geortet werden. Bekannte Beispiele für Kauliflorie sind neben dem Kakaobaum (*Theobroma cacao*) auch der Jackfruchtbaum (*Artocarpus heterophyllus*) mit seinen vielen Kilogramm schweren Fruchtverbänden. Eine der wenigen kaulifloren europäischen Arten ist der im Mittelmeergebiet heimische Judasbaum (*Cercis siliquastrum*). Er bildet im Frühjahr massenhaft rosafarbene Blüten direkt am Stamm.

Stängelblütigkeit beim Kakao (links) und dem Judasbaum (rechts). (VMD)

10 Was sind Kelch- und Kronblätter?

Kelch- und Kronblätter stellen die Blütenhülle dar. Wenn Kelch und Krone vorhanden sind, spricht man von einer doppelten Blütenhülle, die auch als Perianth bezeichnet wird (Beispiel: Rose). Fehlt eine Gliederung in Kelch und Krone, liegt in dem Fall ein undifferenziertes Perigon vor (Beispiel: Tulpe). Die Kelchblätter sind meist relativ klein und grünlich und haben eine Schutzfunktion für die junge Blüte. Oft ist in einer Blüte die Anzahl der Kelch- und Kronblätter gleich. Die meist auffällig gefärbten Kronblätter dienen der Anlockung von Bestäubern und stehen auf Lücke zu den Kelchblättern. Artspezifisch sind Kelch- und Kronblätter entweder frei oder miteinander verwachsen. Oft nur an ihrer Basis verwachsene Kelch- bzw. Kronblätter bilden häufig eine schmale Kelch- bzw. Kronröhre (Beispiel: Kornrade oder Beinwell), selten können auch Kelch- und Kronblätter miteinander verwachsen (Beispiel: Nachtkerze).

In Kelch- und Kronblätter gegliederte Blütenhülle des Stechapfels (*Datura stramonium*). (VMD)

11 Was sind Außen- und Innenkelch?

Bei den meisten Arten besteht der Kelch aus nur einem Kreis kleiner grüner Blätter. Bei manchen Arten gibt es zwei Kreise aus Kelchblättern. Der äußere wird dann Außenkelch und der innere Innenkelch genannt (Beispiel: viele Malvengewächse). Auch bei vielen Rosengewächsen ist ein zweiter Kreis aus Kelchblättern vorhanden. Dieser entsteht hier aus blattartigen Auswüchsen (Nebenblättern) der Kelchblätter. Jedes Kelchblatt hat auf beiden Seiten jeweils ein Nebenblatt. Zwei Nebenblätter zweier benachbarter Kelchblätter verwachsen zu einem Außenkelchblatt.

Blütenbeispiele mit einem Innen- und Außenkelch; links: Erdbeere (*Fragaria*); rechts: Malve (*Malva*). (VMD)

12 Was sind Staubblätter?

Die Staubblätter produzieren Blütenstaub (Pollen) und sind somit die männlichen Fortpflanzungsorgane (vgl. Fragen 96 & 97). Sie werden auch als Stamen (Plural: Stamina) bezeichnet. Die Gesamtheit aller Staubblätter einer Blüte heißt Androeceum. Staubblätter bestehen aus einem Staubfaden, der an seinem Ende den Staubbeutel mit den Pollensäcken trägt. In den Pollensäcken werden meist Tausende von Pollenkörnern gebildet. Den Staubbeutel eines Staubblattes nennt man Anthere. Meist besteht die Anthere aus vier Pollensäcken, die in zwei Paaren angeordnet sind. Die Struktur mit einem Paar Pollensäcken wird als Theka bezeichnet (Plural:

Staubblätter der Madonnen-Lilie (*Lilium candidum*). (VMD)

Theken). Das Verbindungsstück zwischen den beiden Theken heißt Konnektiv und ist die Verlängerung des Staubfadens. Zum Zeitpunkt der Reife reißen die Pollensäcke auf, um die Pollenkörner zu entlassen. Bei einigen Arten sind alle oder manche Staubblätter einer Blüte stark reduziert und steril. Sie werden dann Staminodien genannt. In manchen Fällen haben Staminodien eine neue Funktion übernommen und produzieren Nektar zur Anlockung und Belohnung von Bestäubern (Beispiel: Nektarblätter des Hahnenfußes).

13 Gibt es Staubblätter, die sich aktiv bewegen können?

Ja, denn die Staubblätter mancher Blüten reagieren auf Berührungs- oder Erschütterungsreize durch blütenbesuchende Insekten mit raschen Krümmungsbewegungen. Diese sind auf eine Änderung des Zellinnendruckes (Turgor) in den Staubfäden zurückzuführen. Durch diese Lageveränderung werden die Pollensäcke gegen das Insekt gedrückt, das dabei mit Blütenstaub beladen wird. Die Blüte der Berberitze (*Berberis vulgaris*) hat sechs Staubblätter, die nach Reizung einzeln von außen nach innen klappen. Sonnenröschen (*Helianthemum*) und Zimmerlinde (*Sparmannia africana*) haben Blüten mit sehr vielen Staubblättern. Diese verhalten sich umgekehrt wie diejenigen der Berberitze und neigen sich nach Reizeinwirkung von innen nach außen. Beim Sonnenröschen reagiert nur der jeweils gereizte Staubfaden, bei der Zimmerlinde krümmen sich auch benachbarte Staubblätter, die nicht direkt gereizt wurden. Nach etwa einer Viertelstunde sind die Staubblätter bei allen drei Arten wieder in die Ausgangposition zurückgekehrt und erneut reizbar. Solche reizbaren Staubblätter sind demnach in unterschiedlichen Verwandtschaftskreisen ausgebildet.

Sonnenröschen, Staubfäden links nach innen geklappt, rechts nach außen. (HST)

14 Was sind Fruchtblätter?

Die Fruchtblätter (Karpelle) sind die weiblichen Fortpflanzungsorgane in einer Blüte. In ihnen eingeschlossen sind die Samenanlagen, aus denen die Samen hervorgehen. Die Fruchtblätter bilden auch den Fruchtknoten aus, der aus einem oder mehreren verwachsenen Fruchtblättern bestehen kann. Aus dem Fruchtblatt entwickelt sich nach erfolgreicher Befruchtung die den oder die Samen enthaltende Frucht. Pro Fruchtblatt ist je nach Art nur eine einzige Samenanlage eingeschlossen (z. B. Kirschen) oder bis zu vielen Zehntausend (z. B. Orchideen). Sind in der Blüte mehrere Fruchtblätter vorhanden, können diese entweder frei (apokarp) oder miteinander verwachsen (coenokarp) sein. Mehrere miteinander verwachsene Fruchtblätter bilden einen gemeinsamen Fruchtknoten. Die Gesamtheit aller Fruchtblätter in einer Blüte wird als Gynoeceum bezeichnet.

15 Was ist eine Narbe?

Die Narbe wird an den Fruchtblättern gebildet und ist diejenige Struktur, auf der die Pollenkörner abgelegt werden. Die Narbe ist meist recht klebrig, damit die Pollenkörner gut an ihr haften bleiben. Narben können ganz unterschiedliche Formen haben von kugelig, kopfig, abgeplattet, fadenförmig bis fiederig aufgespalten. Die Narbe ist eine der wichtigsten „Erfindungen“ der Bedecktsamer im Laufe der Evolution. Durch das Einfangen vieler Pollenkörner auf einer einzigen Narbe können über den Griffel gleich mehrere Samenanlagen mit den männlichen Kernen aus den Pollenkörnern versorgt werden. Bei Blüten mit einem aus mehreren verwachsenen Fruchtblättern bestehenden Fruchtknoten kann anhand der Narbenäste auf die Anzahl an Fruchtblättern geschlossen werden. Die Zahl der Narbenäste entspricht immer genau der Anzahl der Fruchtblätter.

Griffel und pollenbeladene Narbe der Madonnen-Lilie (*Lilium candidum*). (VMD)

16 Was ist der Stempel in einer Blüte?

Ein Stempel (Pistill) besteht entweder aus einem einzigen freien Fruchtblatt oder aus mehreren miteinander verwachsenen Fruchtblättern einer Blüte. Von seiner Form her erinnert er bei vielen Arten an einen hölzernen Druckstempel. Der Stempel wird untergliedert in den bauchigen, basalen Bereich des Fruchtknotens (Ovar), dem sich anschließenden sterilen, schlauchartigen Abschnitt des Griffels (Stylus) sowie die Narbe an der Spitze. Der Fruchtknoten schließt die Samenanlage(n) ein. Die Narbe dient dem Einfangen von Pollenkörnern. Der Griffel ist das Verbindungsstück zwischen Fruchtknoten und Narbe. Er kann artspezifisch fehlen (Beispiel: Tulpe), nur wenige Millimeter oder über 10 cm (Beispiel: Mais) lang werden.

Stempel der Madonnen-Lilie (*Lilium candidum*). (VMD)

17 Wann ist der Fruchtknoten oberständig, unterständig oder halbunterständig?

Artspezifisch kann der Fruchtknoten in der Blüte unterschiedliche Stellungen aufweisen. Aufgrund der Lage der übrigen Blütenorgane zum Fruchtknoten lassen sich verschiedene Blütentypen festlegen. Wenn alle übrigen Blütenorgane oberhalb des Fruchtknotens stehen, handelt es sich um einen unterständigen Fruchtknoten. Bei einem halbunterständigen Fruchtknoten stehen die übrigen Blütenorgane etwa auf halber Höhe des Fruchtknotens. Setzen alle Blütenorgane hingegen unterhalb des Fruchtknotens an, so ist dieser oberständig. In älteren Bestimmungsbüchern wird manchmal noch die Bezeichnung mittelständig für die Stellung des Fruchtknotens zum Beispiel bei der Kirsche (*Prunus*) verwendet. Da aber auch hier der Fruchtknoten oberhalb der Blütenhülle und der Staubblätter steht, ist auch er oberständig. Daher sollte auf die Bezeichnung mittelständig verzichtet werden. Bei der Kirsche liegt der Fruchtknoten einfach nur tief in einem krugförmigen Blütenbecher verborgen, der aus der Verwachsung von Kelch-, Kron- und Staubblättern hervorgegangen ist.

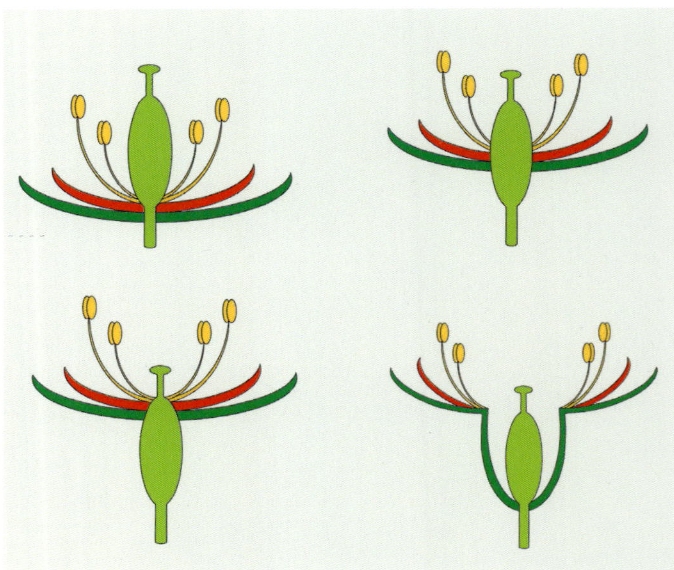

Fruchtknotenstellungen von links oben nach rechts unten: oberständig, halbunterständig, unterständig, „mittelständig“. (VMD)

18 Wie ist eine Samenanlage aufgebaut?

Aus den Samenanlagen gehen nach der Befruchtung die Samen hervor. Die Samenanlagen der Bedecktsamer sind recht einheitlich gebaut. Sie haben einen kleinen Stiel, mit dem sie am Fruchtblatt ansetzen. Über diesen Stiel werden sie mit Wasser und Nährstoffen versorgt. Außen wird die Samenanlage von meist zwei Hüllschichten (Integumenten) umgeben, aus denen während der Entwicklung zum reifen Samen die Samenschale wird. In der Samenanlage befinden sich wenige verschiedene Zellen. Eine davon ist die Eizelle, aus der sich nach der Befruchtung ein Embryo entwickelt. Damit überhaupt eine Befruchtung stattfinden kann, also Erbgut aus dem Pollenkorn den Kern der Eizelle erreichen kann, muss es einen Zugang nach außen geben. Deshalb verschließen die Hüllschichten die Samenanlage nicht komplett. An der Spitze gibt es einen winzigen Kanal, der als Mikropyle bezeichnet wird.

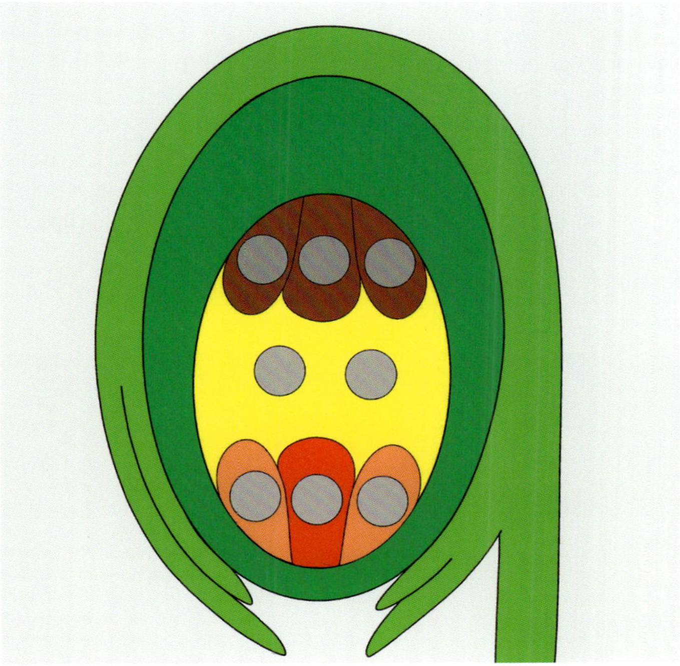

Aufbau einer Samenanlage eines Bedecktsamers zum Zeitpunkt der Befruchtung. Die befruchtungsfähige Eizelle ist rot markiert. (VMD)

19 Strahlig, glockig oder lippenförmig – wie symmetrisch sind eigentlich Blüten?

Aufgrund der Form und Anordnung ihrer Organe zeigen Blüten eine unterschiedliche Symmetrie. Oft ist dies im Zusammenhang mit dem Bestäubungsmechanismus zu sehen. Den wohl einfachsten Typ haben die radiärsymmetrischen, strahligen Blüten. Hier lassen sich durch die Blütenmitte mehrere Symmetrieachsen legen, wobei identische Bereiche kreisförmig um eine zentrale Achse angeordnet sind (Beispiele: Rose, Glockenblume). Die Zahl der möglichen Symmetrieachsen entspricht der Zahl der Blütenblätter oder der Kronblattzipfel. Blüten mit nur einer Symmetrieachse haben beispielsweise die Taubnesseln (*Lamium*) oder viele Orchideen. Eine Symmetrieachse längs durch die Blüte teilt sie in zwei spiegelbildliche Hälften. Solche Blüten heißen auch zygomorph (Beispiel: Veilchen). Sind dagegen zwei Symmetrieachsen (jeweils eine in Längs- und Querrichtung) möglich, so sind die Blüten disymmetrisch. Dieser Symmetrietyp kommt vor allem bei den vierzähligen Blüten vieler Kreuzblütler vor (Beispiel: Raps). Blüten mit in sich gedrehten und dadurch asymmetrischen Kronblättern werden als drehsymmetrisch bezeichnet (Beispiel: Immergrün). Besonders Blüten mit nur einer oder zwei Symmetrieachsen haben oft sehr charakteristische Formen, die zu Namen wie Pantoffelblume, Sockenblume oder Schmetterlingsorchidee führten.

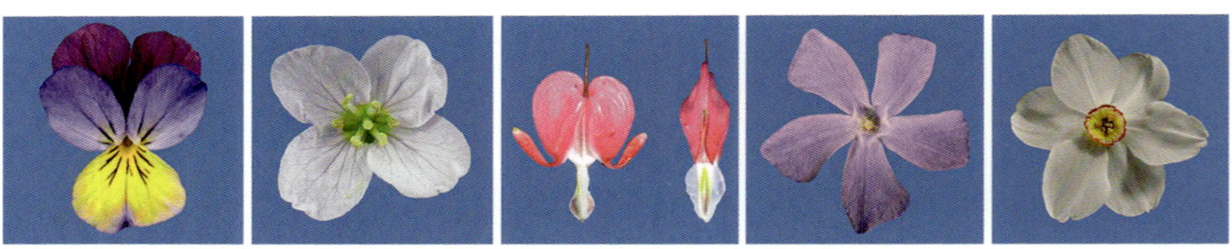

Blütensymmetrien, von links nach rechts: zygomorph (Horn-Veilchen); disymmetrisch (Wiesen-Schaumkraut); disymmetrisch (Tränendes Herz); drehsymmetrisch (Kleines Immergrün), radiärsymmetrisch (Dichter-Narzisse). (VMD)

20 Wie ist eine Schmetterlingsblüte aufgebaut?

Zahlreiche Familien sind durch eine charakteristische Blütenform gekennzeichnet. So ist zum Beispiel die Schmetterlingsblüte typisch für zahlreiche Arten aus der Familie der Hülsenfrüchtler (Fabaceae), vor allem aus der Unterfamilie der Schmetterlingsblütler (Papilionoideae). Die Blüten haben fünf Kelchblätter, auf die fünf Kronblätter folgen. Das hinterste, meist nach oben ausgerichtete Kronblatt, ist die Fahne. Die beiden seitlichen heißen Flügel. Das Schiffchen wird von den beiden vordersten Kronblättern gebildet. Sie sind bei den meisten Arten miteinander verwachsen. Typische Schmetterlingsblüten haben Erbse (*Pisum sativum*), Besenginster (*Cytisus scoparius*) und Lupine (*Lupinus polyphyllus*). Schmetterlingsblüten erinnern mit ihren abstehenden Flügeln manchmal tatsächlich an Schmetterlinge. Die Blüten vieler Schmetterlingsblütler werden häufig von Schmetterlingen auf Nektarsuche angeflogen wie beispielsweise der Hornklee (*Lotus corniculatus*).

Schmetterlingsblüte des Besen-Ginsters (*Cytisus scoparius*). (VMD)

21 Wie sieht eine typische Lippenblüte aus?

Die typische Blütenform der Lippenblütler (Lamiaceae) ist die Lippenblüte. Ihre Blütenhülle umfasst fünf verwachsene, meist grüne Kelchblätter sowie fünf ebenfalls miteinander verwachsene, auffällig gefärbte Kronblätter. Die zwei hinteren Kronblätter bilden die Oberlippe, das vordere die Unterlippe. Diese steht oft von der Blüte ab und dient als Landeplatz für Blütenbesucher. Teilweise sind auch die beiden seitlichen Kronblätter an der Bildung der Unterlippe beteiligt. Blüten mit einer sehr deutlichen und gut erkennbaren Ober- und Unterlippe zeigt die Gefleckte Taubnessel (*Lamium maculatum*). Bei einigen Arten (Beispiel: Hohlzahn, *Galeopsis*) bildet die Lippe auf

Lippenblume der Gefleckten Taubnessel (*Lamium maculatum*). (VMD)

jeder Seite eine höckerartige Ausstülpung, die den Blütenbesucher tiefer in die Blüten locken sollen. So können diese noch besser mit Pollenkörnern beladen werden bzw. die mitgebrachten Pollenkörner können besser an der Narbe abgestreift werden. Bei Günsel (*Ajuga*) und Gamander (*Teucrium*) ist die Oberlippe stark reduziert.

22 Nessel ist doch nicht gleich Nessel, oder?

Obwohl beide den Namen Nessel tragen, gehören Brennnesseln (*Urtica*) und Taubnesseln (*Lamium*) in zwei ganz unterschiedliche Pflanzenfamilien (Brennnesselgewächse, Urticaceae bzw. Lippenblütler, Lamiaceae). Ihre Blätter sehen sich ähnlich, den Unterschied spürt man spätestens, wenn man in Kontakt mit den Brennhaaren der Brennnessel gekommen ist. Anhand ihrer Blüten lassen sie sich aber auf den ersten Blick unterscheiden. Da die Brennnessel durch den Wind bestäubt wird, sind ihre Blüten im Gegensatz zu den auffälligen insektenbestäubten Blüten der Taubnessel unscheinbar und stark reduziert. Die Blütenhülle der vierzähligen, eingeschlechtlichen Brennnesselblüten ist einfach. Die männlichen Blüten bestehen nur aus der nicht in Kelch und Krone gegliederten Blütenhülle (Perigon) und vier Staubblättern. Die weiblichen Blüten enthalten ein Perigon und ein einziges Fruchtblatt.

Große Brennnessel (*Urtica dioica*), links: weibliche Blüten, rechts: männliche Blüten. (VMD)

23 Welche heimische Art hat die größten Blüten?

Zu den größten Einzelblüten unserer heimischen Pflanzenwelt gehören diejenigen der Weißen Seerose (*Nymphaea alba*). Die radiärsymmetrischen Blüten haben einen Durchmesser von bis 12 cm. Ihre zahlreichen Blütenorgane sind schraubig angeordnet. Auf die meist vier, außen grünen Kelchblätter folgen die auffälligen Kronblätter, die nach innen kontinuierlich in Staubblätter übergehen. Auch die Fruchtblätter sind zahlreich vorhanden. Deren Narben sind strahlenförmig angeordnet und scheiden zum Anlocken der Bestäuber eine zuckerhaltige Lösung aus. Ebenfalls sehr große Blüten hat der Gelbe Frauenschuh (*Cypripedium calceolus*). Die schuhförmige Lippe erreicht eine Länge von 8 cm. Die übrigen Blütenblätter sind rötlichbraun gefärbt, lanzettlich und etwas gedreht. Sie werden bis 5 cm lang. Die Feuer-Lilie (*Lilum bulbiferum*), eine seltene Art in den nördlichen Kalkalpen, hat leuchtend orangerote, strahlige Blüten, die bis etwa 8 cm breit werden. Die einzelnen Blütenblätter erreichen eine Länge von 6 cm.

Links: Gelber Frauenschuh (*Cypripedium calceolus*), rechts: Weiße Seerose (*Nymphaea alba*). (HST)

24 Welche Pflanze bildet die größte Einzelblüte der Welt?

Die größte Blüte bildet die Riesen-Rafflesie (*Rafflesia arnoldii*) aus dem Regenwald in Malaysia. Sie ist ein Vollschmarotzer, der ähnlich wie ein Pilz mit einem Geflecht in seiner Wirtspflanze lebt, hier in einem Weinrebengewächs (*Tetrastigma*). Richtige Blätter und Wurzeln werden nicht ausgebildet. Zu sehen bekommt man nur die Blüte, die am Grunde der Wirtspflanze erscheint. Sie erreicht einen Durchmesser von etwa einem Meter und wird um die 10 kg schwer. Die lederigen Kronblätter sind 1 cm dick. Insgesamt wirkt die Blüte wie ein großer rötlichbrauner Stern. Die Farbe sowie ein aasartiger Gestank imitieren verwesendes Fleisch, um Aasfliegen anzulocken. Während der Suche nach einem Eiablageplatz auf dem vermeintlichen Aas bestäuben sie die Blüten, wenn es sich um ein weibliches Exemplar handelt und die Fliegen Pollenkörner von einer männlichen Blüte mitgebracht haben. Denn Rafflesien sind zweihäusig, es gibt daher ausschließlich weibliche oder männliche Individuen.

Riesenblüte von *Rafflesia arnoldii*. (SofianRafflesia, CC BY-SA 4.0, Wikimedia Commons)

25 Welche Pflanze hat die kleinsten Blüten?

Die kleinsten Blütenpflanzen der Welt sind Arten der Zwerg-Wasserlinsen (*Wolffia*). Auf ihre Winzigkeit spielt der Name einer Art, *Wolffia microscopica*, an. In Europa gibt es die schwimmende, auf stehenden Gewässern und auch in Asien und Afrika vorkommende Wurzellose Zwerg-Wasserlinse (*Wolffia arrhiza*). Die einzelnen oder auch zu zweit aneinanderhängenden wurzellosen Sprossglieder werden nur 0,5-1,5 mm groß. In Europa vermehrt sie sich fast ausschließlich ungeschlechtlich durch Teilung. Ihre Blüten sind winzig und nur unter dem Mikroskop zu erkennen. Die weiblichen Blüten bestehen aus einem einzigen Fruchtknoten mit nur einer Samenanlage. Die männlichen Blüten tragen nur ein Staubblatt. Ihre Samen werden 0,4-0,5 mm lang und etwa 0,4 mm dick und sind damit nicht viel kleiner als die komplette Pflanze. *Wolffia* gehört übrigens in die Familie der Aronstabgewächse. In diese Familie wird auch die Titanenwurz (*Amorphophallus titanum*) mit dem größten unverzweigten Blütenstand der Welt gestellt.

Die Mini-Pflanzen einer Zwerg-Wasserlinse (*Wolffia*). (HST)

26 Welche heimische Pflanze hat die längsten Blütenstiele?

Seerosen (*Nymphaea alba, Nymphaea candida*) haben die längsten Blütenstiele. Die Wurzelstöcke der Seerosen wachsen im Schlamm am Grund von überwiegend stehenden Gewässern. Von ihnen gehen die Blatt- und Blütenstiele aus. Letztere verfrachten die Blüten bis an die Wasseroberfläche und werden je nach Wassertiefe bis zu 3 m lang. Sie enthalten luftgefüllte Kanäle, weil der für Pflanzen wichtige Luftaustausch im Wasser schlecht ist. Zudem werden die Stiele durch die luftgefüllten Kanäle elastisch, sodass sie im flutenden Wasser nicht reißen. Durch die Lufteinlagerung erhalten die Seerosen auch Auftrieb, sodass die Blüten auf der Wasseroberfläche schwimmen.

Seerosenblüte mit einem über 1 m langen Blütenstiel. (HST)

27 Welche Blüten haben besonders viele Staubblätter?

Einige Blüten entwickeln drei oder sechs Staubblätter (z. B. einkeimblättrige Pflanzen wie die Lilien), andere fünf oder zehn (viele zweikeimblättrige Pflanzen wie der Storchschnabel, *Geranium*), seltener ist ihre Zahl auf eins (z. B. Orchideen) oder zwei (z. B. Salbei) reduziert. Beim Zählen der Staubblätter hört man schnell auf: Über zehn Staubblätter pro Blüte sind dann oft einfach nur noch viele. Die Blüten von Kakteen oder Malvengewächsen enthalten auffällig viele Staubblätter. Der zu den Malvengewächsen zählende Baobab (*Adansonia digitata*) aus Afrika hat große weiße, durch Fledermäuse bestäubte Blüten. Sie enthalten bis 1.600 Staubblätter, die an ihrer Basis zu einer Röhre verwachsen sind und weiter oben eine rasierpinselartige Kugel bilden. Die 12 cm breiten, cremefarbigen Blüten des Saguaro-Kaktus (*Carnegiea gigantea*) werden ebenfalls von Fledermäusen aufgesucht, denen rund 1.500 Staubblätter reichlich Pollennahrung liefern. Diese immens hohe Anzahl an pollenproduzierenden Staubblättern ist hier notwendig, da bei diesen Arten dem Bestäuber Pollen als Belohnung angeboten wird.

Blüte des Baobab (*Adansonia digitata*), links, und Blüte der Königin der Nacht (*Selenicereus grandiflorus*), rechts, mit zahlreichen Staubblättern. (HST)

28 Können neben den Kronblättern auch andere Blütenorgane eine Schauwirkung haben?

Nicht bei allen Arten wird die Schauwirkung der Blüten durch eine auffällige Blütenhülle erzielt. So sind zum Beispiel bei den Mimosen (*Mimosa*, Fabaceae) oder den Pfeifenputzersträuchern (*Callistemon*, Myrtaceae) die Staubfäden der Staubblätter stark verlängert und auffällig gefärbt. Ähnlich sehen die puscheligen Blütenstände des Puderquastenstrauches (*Calliandra haematocephala*, Fabaceae) aus. Der wissenschaftliche Gattungsname *Calliandra* verrät uns, welche Blütenorgane so attraktiv sind: griechisch kallos = schön und andros = Mann. Die Blütenhülle der genannten Beispiele hingegen ist stark reduziert. Innerhalb der Gattung Schraubeningwer (*Costus*) ist von den ursprünglich sechs Staubblättern nur noch eines fruchtbar und pollenbildend. Die übrigen fünf bilden eine kräftig orange gefärbte, kronblattartige Struktur.

Auffällig gestaltete Staubblätter stellen den Schauapparat dar; links: *Calliandra haematocephala*; rechts: *Costus cuspidatus*. (VMD)

29 Wozu dient eine Nebenkrone?

Eine Nebenkrone (Paracorolla) ist eine zusätzliche Struktur in den Blüten zahlreicher Pflanzenfamilien. Nebenkronen können dabei unterschiedlichste Formen, Farben und Strukturen aufweisen. Bei den Leimkrautarten (Silene) bilden die zungenartigen Auswüchse auf den Kronblättern in ihrer Gesamtheit eine zentrale Nebenkrone aus. Bei Passionsblumen (*Passiflora*) besteht die Nebenkrone aus einem einfachen bis dreifachen Strahlenkranz. Bei Narzissen (Amaryllidaceae) ist die Nebenkrone (die Trompete) möglicherweise aus Staubblattanhängseln entstanden. Osterglocken (*Narcissus pseudonarcissus*) blühen schon früh im Jahr, wenn noch nicht so viele Insekten unterwegs sind, aber auch die Konkurrenz durch andere Blumen geringer ist. Die wenigen schon aktiven Insekten werden durch intensive Reize, wie große Blüten inklusive der trompetenförmigen Nebenkrone, starken Duft und leuchtend gelbe Blütenfarbe, angelockt. Die Trompete weist auf den Eingang in die Blüte und das Nahrungsangebot hin. Unterschiedliche Formen und Farben der Trompete sind Gegenstand der Züchtung attraktiver Narzissen-Gartensorten. Der Gattungsname *Narcissus*, der sich von der griechischen Vokabel narkein (betäuben) ableitet, bezieht sich auf den starken betäubenden Blütenduft. Nach der griechischen Mythologie verschmähte der Jüngling Narziss die Liebe der Nymphe Echo, woraufhin er sich an einem Gewässer in sein eigenes Spiegelbild verliebte und später zur Narzisse wurde.

Blüten mit Nebenkronen; links: Dichter-Narzisse (*Narcissus poeticus*); rechts: Rote Lichtnelke (*Silene dioica*). (VMD)

30 Wird die Hundertjährige Agave wirklich hundert Jahre alt?

Die Amerikanische Agave (*Agave americana*) ist vom südlichen Nordamerika über Mittelamerika bis ins nördliche Südamerika heimisch. Die sukkulente Rosettenpflanze ist in vielen trockenwarmen Gebieten verbreitet und bei uns auch eine beliebte Kübelpflanze. Man sagt ihr nach, dass sie 100 Jahre alt werden kann. Zum krönenden Abschluss ihres Lebens bildet sie einen riesigen, etwa 10 m hohen rispigen Blütenstand. Etwa im oberen Drittel verzweigt er sich mit fächerigen Teilblütenständen. Die gelben Blüten werden 10 cm lang, die Staubblätter mit den Pollensäcken ragen weit aus der Blüte heraus. Eine einzige Agavenpflanze kann Tausende Blüten an einem einzigen Blütenstand bilden. In der Natur blüht die Amerikanische Agave allerdings meist schon nach 10-15 Jahren, wie man dies auch bei verwilderten Pflanzen im Mittelmeerraum gut beobachten kann. Bei in Kübeln kultivierten Agaven erscheinen die Blüten, wenn überhaupt, nach etwa einem halben Jahrhundert. Von daher ist die Bezeichnung Hundertjährige

Riesige alte Blütenstände der Amerikanischen Agave (*Agave americana*) auf Teneriffa. (HST)

Agave etwas überzogen. Außer durch Samen vermehrt sich *Agave americana* durch Kindel (kleine Ableger/Pflanzen), die ungeschlechtlich am Grund der absterbenden Rosette erscheinen. Die den Agaven ähnelnden *Aloe*-Arten unterscheiden sich, indem sie nach der Blüte nicht absterben und im Regelfall jedes Jahr wieder neu blühen.

31 Was macht die Moosrose so moosig?

Die Moosrose (Rosa × *centifolia* 'Muscosa') ist eine alte Rosensorte, die aus der Hundertblättrigen Rose gezüchtet wurde. Die nur einmal im Sommer blühende, stark duftende Rose eignet sich für den Garten und ist beliebter Bestandteil von Sträußen. Ihre Kelchblätter wirken zottig moosig und sind beim Zerreiben stark klebrig. Grund dafür sind die zahlreichen Drüsen auf den Kelchblättern und am Blütenstiel, die ein aromatisches Harz abgeben. Moosrosen waren im 17. Jahrhundert ein beliebtes Motiv bei flämischen Malern.

Moosrose. (HST)

32 Was machen Platte, Nagel und Ligula in den Kronblättern einiger Nelkengewächse?

Bei Nelkengewächsen aus der Unterfamilie Silenoideae, zu der auch die Leimkräuter (*Silene*) gehören, sind die Kronblätter ganz speziell gebaut. Der in der Kelchröhre verborgene basale Bereich des Kronblattes ist stiftartig schmal (Nagel). Der obere, aus der Kronröhre herausragende, auffällig gefärbte Bereich ist rechtwinklig abgeknickt und flächig (Platte). Im Übergangsbereich zwischen Platte und Nagel ist eine zungenförmige Struktur (Ligula) ausgeprägt, die bei einigen Arten auch anders als der Rest des Kronblattes gefärbt ist. Die Gesamtheit aller Ligulae bildet eine Nebenkrone, die den Zugang zum Blüteninneren erschwert. Hiermit schützt sich die Blüte vor Nektarräubern. Gleichzeitig erkennen Tagfalter, wo sie am besten ihren Rüssel ins Blüteninnere hineinschieben müssen.

Kronblätter der Kronen-Lichtnelke (*Lychnis coronaria*) mit Platte, Nagel und Ligula. (VMD)

33 Was ist ein Nektarium?

Nektarien sind Sekretionsgewebe, die eine zuckerhaltige Lösung (Nektar) produzieren. Dabei gibt es unterschiedliche Arten der Nektarien. Grob können sie je nach Position an der Pflanze in zwei Gruppen eingeteilt werden. Dies sind zum einen Nektarien im Bereich der Blüte (floral) und zum anderen Nektarien außerhalb der Blüte wie beispielsweise am Blattstiel (extrafloral). Florale Nektarien dienen dem Anlocken und der Belohnung von Bestäubern. Solche Nektarien sind punkt-, wulst- schüppchen- bis rinnenförmig. Am Grund der Blütenglocke der Kaiserkrone (*Fritillaria imperialis*) befin-

Extraflorale Nektarien der Vogel-Kirsche (*Prunus avium*) mit Nektartropfen. (VMD)

den sich fünf Nektarien, die jeweils einen sehr großen Nektartropfen bilden. Nektarien können aus verschiedenen Blütenorganen entstanden sein, sehr oft aus dem Fruchtknoten oder aus Staubblättern. Extraflorale Nektarien dienen nicht der Anlockung und Belohnung von Bestäubern, sondern sind Teil einer ausgeklügelten Symbiose. Beispielsweise bei Akazien (*Acacia*), Kirschen (*Prunus*) und Wasser-Schneeball (*Viburnum opulus*) werden am Blattstiel unterhalb der Ansatzstelle der Blattspreite kleine kugelige Nektarien gebildet. Diese locken mit ihrer fortlaufenden Nektarproduktion Ameisen an. Die Ameisen, die sich an dem Nektar beköstigen, halten im Gegenzug die Pflanze von Schädlingen frei, um sich so ihre Nahrungsquelle zu erhalten. Dies ist besonders zum Zeitpunkt des Austriebs wichtig, da dann die Gefahr von Schädigungen des jungen und dadurch noch weichen Austriebs durch zum Beispiel Raupen besonders hoch ist.

34 Welche Bedeutung haben Honigblätter in den Blüten der Hahnenfußgewächse?

Für die Blüten zahlreicher Hahnenfußgewächse (Ranunculaceae) sind Honigblätter charakteristisch. Hierbei handelt es sich um auffällige florale Nektarien. Bei vielen Arten weisen diese ein kronblattartiges Erscheinungsbild auf, obwohl sie sich vermutlich aus sterilen Staubblättern entwickelt haben. Die Honigblätter des Hahnenfußes (*Ranunculus*) tragen an ihrer Basis ein schüppchenförmiges gelbes Nektarium, an dem Nektar zur Anlockung und Belohnung für Bestäuber produziert wird. Es wird als Honigschuppe bezeichnet. Innerhalb der Hahnenfußgewächse haben die Honigblätter eine unterschiedliche Form. Beim Hahnenfuß sind sie kronblattartig und meist gelb oder weiß gefärbt. Die Größe dieser Honigblätter übersteigt hier deutlich die der eher unauffälligen Blütenhülle und ist somit der Schauapparat der Blüte. Bei der Akelei (*Aquilegia*) sind die Honigblätter füllhornartig geformt und stehen auf Lücke zu den Blütenhüllblättern. Feld-Rittersporn (*Consolida*) hat dagegen nur ein einziges Honigblatt je Blüte, das dann spornartig ist. Es liegt unter dem spornartig ausgesackten obersten Blütenhüllblatt verborgen.

35 Was sind Nektarsporne?

Spornblume (*Centranthus*), Lerchensporn (*Corydalis*) oder Rittersporn (*Delphinium*): Diese Pflanzennamen lassen erkennen, dass es so manche Blume mit einem Sporn gibt. Sporne sind sackförmige bis haarfeine hohle Ausstülpungen der Blüte von Längen im Millimeterbereich bis hin zu einigen Zentimetern. Sporne können aus unterschiedlichen Blütenorganen entstanden sein, zum Beispiel aus Kelchblättern beim Springkraut (*Impatiens*) oder aus Kronblättern beim Lerchensporn. Meist enthält der Sporn Nektar, den nur Insekten mit entsprechend langen Mundwerkzeugen erreichen können. Es sind viele spezielle Anpassungen zwischen Bestäubern und Spornlänge bekannt. Es gibt aber auch Täuschblumen (darunter einige Orchideen), die durch ihre Sporne ein Nektarangebot nur vortäuschen.

Einen beeindruckend langen Sporn bildet die Kometen-Orchidee aus Madagaskar (*Angraecum sesquipedale*), auch Stern von Madagaskar genannt. Die weißen Blüten haben einen bis 45 cm langen Sporn. Schon Charles Darwin postulierte für diese Orchidee als Bestäuber einen Nachtfalter mit ebenso langem Rüssel. Aber erst 30 Jahre später (1903) wurde dieser entdeckt und *Xanthopan morgani* subsp. *praedicta* genannt (lat. praedicta = vorhergesagt). Der engste Verwandte dieser Art lebt auf dem afrikanischen Kontinent und hat einen kürzeren Rüssel.

Stern von Madagaskar
mit extrem langem Nektarsporn. (HST)

36 Wo steckt die Pferdekutsche in der Blüte des Eisenhuts?

Der Blaue Eisenhut (*Aconitum napellus*) ist die giftigste heimische Pflanzenart. Beim Eisenhut ist die Blütenhülle nicht in Kelch- und Kronblätter gegliedert, sondern aus einheitlichen blauen Blütenhüllblättern aufgebaut. Das oberste Blatt ist helmförmig geformt. Von diesem Helm sind zwei Nektarblätter verdeckt. Sie sind umgewandelte Blütenblätter und enden in einem pferdekopfähnlichen, Nektar produzierenden Sporn. Die vier unteren Blütenhüllblätter umschließen zahlreiche Staubblätter sowie drei bis fünf freie Fruchtblätter. Nimmt man nun eine Eisenhutblüte quer in die Hand und zupft den Helm ab, erscheint eine Pferdekutsche, worauf sich die volkstümliche Bezeichnung Venuswagen bezieht. Die zwei Nektarblätter sind die Pferde, die einen Wagen ziehen, der aus den vier unteren Blütenhüllblättern gebildet wird. In der Kutsche sitzen mehrere Personen, das sind die Staubblätter mit den Staubbeutel-Köpfen.

Zerlegte Blüte des Blauen Eisenhuts (*Aconitum napellus*), sodass die Kutsche sichtbar wird. (HST)

37 Verlieren Linden eigentlich viel Nektar, oder warum sind geparkte Autos unter Linden oft so klebrig?

Wer im Sommer schon mal unter einem Lindenbaum (*Tilia*) geparkt hat, wird bemerkt haben, dass das Auto danach von einer klebrigen Substanz überzogen ist. Hierbei handelt es sich jedoch nicht wie vielfach fälschlicherweise angenommen um den Nektar, der aus den Blüten heraustropft, sondern um stark zuckerhaltige Ausscheidungen von saugenden Insekten. In dem Fall zapfen die Blattläuse die Blätter an, um an den dort produzierten Zucker im Zellsaft zu gelangen. Den Überschuss scheiden sie als zuckerhaltiges, klebriges Sekret aus, das als Honigtau bezeichnet wird. Dieser findet sich dann entsprechend auf parkenden Autos wieder.

38 Beliebte Nektarpflanze und warum dennoch umstritten?

Der Sommerflieder oder Schmetterlingsstrauch (*Buddleja davidii*) ist wegen seiner fliederähnlichen, je nach Sorte rosa, violett, purpurrot oder weiß gefärbten Blüten eine beliebte Gartenpflanze. Er blüht noch bis in den Spätsommer hinein und wird von Schmetterlingen als Futterpflanze besucht. Ein Strauch kann pro Jahr in seinen Kapselfrüchten bis 20 Millionen winzige geflügelte, vom Wind ausgebreitete Samen bilden. Die Art stammt aus China und wurde als Gartenflüchtling in Deutschland erstmals Anfang des letzten Jahrhunderts verwildert gesichtet. Heute bildet der Sommerflieder besonders an Bahnanlagen oder auf Industriebrachen mitunter Massen-

Ein Distelfalter trinkt Nektar aus den Blüten des Sommerflieders (*Buddleja davidii*). (HST) bestände. Dort, wo er dichte Bestände bildet, haben andere heimische Arten kaum eine Chance. Dummerweise sind heimische Insekten, auch die Raupen von Schmetterlingen, nicht daran angepasst, die Blätter als Futter zu nutzen. Kein Raupenfutter bedeutet keine Schmetterlinge, selbst wenn es genügend Nektarpflanzen gibt. Deshalb wird abgeraten, Sommerflieder trotz der schönen Blütenstände zu pflanzen, wo er leicht über den Gartenzaun entkommen und Standorte in der Natur besiedeln kann.

39 Bei welchen Pflanzen hängen Püppchen oder Äffchen im Blütenstand?

Orchideen haben sehr ungewöhnliche Blüten, die meisten weichen vom „klassischen" Blütenbau ab. Sie zeigen oft Formen, die der Fantasie freien Lauf lassen. Die heimische Orchidee *Orchis anthropophora* trägt die deutschen Namen Puppenorchis, Ohnhorn, Fratzenorchis oder Hängender Mensch.

Diese Bezeichnungen nehmen Bezug auf die Blütenform. Die beige-grünlichen bis annähernd hautfarbenen, spornlosen Blüten befinden sich dicht gedrängt an der Blütenstandsachse. Die Blütenblätter neigen sich zu einem Helm oder Kopf zusammen. Die bis 1,5 cm lange beige-bräunliche Lippe ist deutlich dreilappig, wobei der Mittellappen noch einmal in zwei Zipfel geteilt ist. Zusammen mit der Kappe wirkt sie wie eine Puppe mit zwei Armen und zwei Beinen. Eine ähnliche Form hat die vor allem im Mittelmeergebiet anzutreffende Affen-Orchis (*Orchis simia*). Ihre gespornten Blüten sind rosa gefärbt. Die Lippe ist dunkelrosa gepunktet, eine ähnliche Färbung haben die Zipfel der Lippe. Die seitlichen Zipfel sind relativ lang und erinnern von ihrer Proportion mehr an die langen Arme eines Äffchens.

Wie kleine Männchen wirken die Blüten von *Orchis anthropophora*. (HST)

40 Wo versteckt sich in den Blüten des Horn-Veilchens ein kleines Männchen?

Die Blüten des Horn-Veilchens, wie auch die aller übrigen Veilchenarten, werden überwiegend von langrüsseligen Insekten bestäubt. Diese verköstigen sich an Nektar, der in einer spornartigen Aussackung des vorderen Kronblattes reichlich produziert wird. Um an den Nektar gelangen zu können, müssen die Insekten eine kugelige Geschlechtssäule passieren, die, wenn sie freipräpariert ist, einem kleinen Männlein gleicht. Dieses Männlein besteht aus einem kugeligen Bauch (Fruchtknoten), einem Hals- und einem Kopfbereich (Griffel). Die Narbe als Pollenkorn einfangende

Horn-Veilchen (*Viola cornuta*), Narbe, Griffel und Staubblätter bilden eine „männchen-"artige Struktur aus. (VMD)

Struktur befindet sich im „Mund“ des Männleins. Unterhalb des Mundes ist eine kleine Unterlippe vorhanden, an der beim Eindringen in den Nektarsporn der mitgebrachte Pollen abgestreift wird. Nachdem das Insekt die Blüte wieder verlässt, drückt es beim Rückzug diese Lippe nach oben vor die Narbe, sodass eine Selbstbestäubung verhindert wird. Wie es sich für ein anständiges Männlein geziemt, ist dieses nicht nackt, sondern trägt ein langes Gewand aus fünf Antheren. Im oberen Bereich unterhalb des Kopfs bilden die Konnektive der Staubblätter eine braune, kragenartige Struktur. Die Beine des Männleins sind Auswüchse des Staubfadens (Filament), die ebenfalls Nektar produzieren. Diese Beine sind in einer kleinen spornartigen Aussackung verborgen, sodass es aussieht, als nehme das sitzende Männlein ein Fußbad.

41 Wie lassen sich Apfel- von Birnenblüten unterscheiden?

Apfel- (*Malus*) und Birnbäume (*Pyrus*) lassen sich im nicht blühenden Zustand anhand der Ausbildung eines durchgehenden Leittriebes (Birne) und einer markanten Schuppenborke (Apfel) gut voneinander unterscheiden. Da die Pollensäcke in den Blüten beider Gattungen unterschiedlich gefärbt sind, können Apfel- und Birnbäume im blühenden Zustand besonders leicht auseinandergehalten werden. Die Kronblätter der Apfelblüten sind meist auf der Außenseite leicht bis intensiv rosafarben überlaufen, und dies besonders in der Knospe und während des Aufblühens. Die Pollensäcke sind stets leuchtend gelb gefärbt. Die Kronblätter der Birnenblüten dagegen sind von Anfang an rein weiß und die Staubbeutel sind hier intensiv rot gefärbt.

Birnenblüte mit roten Staubbeuteln. (VMD)

Blütenstände – Allgemeines und Besonderes

42 Was unterscheidet eine Blüte von einem Blütenstand?

Eine Blüte ist eine klar abgrenzbare, morphologische Einheit einer Pflanze. Diese trägt die Fortpflanzungsorgane. Die Blüte ist stets unverzweigt und von eingeschränkter Entwicklungsfähigkeit. Der Vegetationsscheitel wird bei der Ausbildung der Blütenorgane im Normalfall vollständig aufgebraucht. Missbildungen, bei der die Achse weiterwächst, kommen manchmal vor. Anders hingegen ein Blütenstand, dieser ist stets eine verzweigte Zone einer Pflanze. Er kann sich aus wenigen bis mehreren zehntausend Einzelblüten aufbauen. Blütenstände weisen teilweise extrem komplexe Verzweigungsstrukturen auf, anhand derer eine Einteilung in unterschiedliche Formen erfolgt. Wenn eine Endblüte fehlt, kann ein Blütenstand auch erneut durchtreiben, also wieder eine Sprossachse mit Blättern bilden. Dies ist vom endständigen Blattschopf der Ananas (*Ananas comosus*) bestens bekannt. Endet der Blütenstand mit der Ausbildung einer Endblüte, wird der Vegetationsscheitel aufgebraucht und eine Weiterentwicklung ist ausgeschlossen.

43 Sind Blütenstände eigentlich immer Einwegprodukte?

Für den Großteil der Blütenstände mag dies wohl zutreffen. Bei den meisten Arten stirbt der Blüten- bzw. Fruchtstand nach der Freisetzung der Samen ab. Mehrjährige Blütenstände, die über Jahre hinweg immer wieder erneut blühen, sind eine Ausnahme. In diesem Zusammenhang sind zum Beispiel die Melonen-Kakteen (*Melocactus*) zu nennen, die einen kugeligen Wuchs haben. Ab einem Alter von rund 10 Jahren bildet sich erstmalig ein Blütenstand in Form eines zentralen Köpfchens, welches dann ein Leben lang erhalten bleibt und jährlich immer wieder Blüten hervorbringt. Solch ein mehrjähriges Kakteen-Blütenköpfchen heißt Cephalium.

Der Melonen-Kaktus (*Melocactus zehntneri*) weist ein mehrjähriges Blütenköpfchen (Cephalium) auf. (VMD)

44 Was ist eine Rispe?

Bei der Rispe (Panicula) enden die Seiten- und Hauptachsen mit der Ausbildung einer endständigen Blüte. Der Verzweigungsgrad in der Rispe nimmt nach unten regelmäßig zu. Rispen sind typisch für zahlreiche Süßgräser wie zum Beispiel für das Rispengras (*Poa*). Die Einzelblüten in der Rispe sind stets langgestielt. Eine Sonderform der Rispe ist die Schirmrispe (Corymbus). Hier ist die Rispe tellerartig abgeflacht, sodass die Blüten in einer flach gewölbten Ebene stehen wie beim Schwarzen Holunder (*Sambucus nigra*). Eine Schirmrispe wird oft mit einer Dolde verwechselt. Ein wesentlicher Unterschied ist, dass bei der Schirmrispe nicht wie bei der Dolde alle Verzweigungsachsen von einem Punkt ausgehen. Eine weitere Sonderform der Rispe ist die Spirre. Die Endblüte wird von unterhalb stehenden Seitenachsen übergipfelt. Dieses Verzweigungsmuster wiederholt sich fortlaufend in den seitlichen Teilblütenständen. Dadurch erhalten diese Blütenstände teilweise ein trichterförmiges Erscheinungsbild (Trichterrispe), was Binsen und Mädesüß gut zeigen.

Rispige Blütenstände; Bütenstandsdiagramm (links);
rispiger Blütenstand vom Honiggras (*Holcus lanatus*) (rechts). (VMD)

45 Wie unterscheidet sich die Traube von der Rispe?

Traubige Blütenstände; Bütenstandsdiagramm (links);
traubiger Blütenstand der Türkenbund-Lilie (*Lilium martagon*) (rechts). (VMD)

Die Traube (Racemus) ist ein Blütenstand mit einer einfachen, durchgehenden Hauptachse, an der zahlreiche langgestielte Einzelblüten ansetzen. Im Unterschied zur Rispe hat die Traube keinerlei Seitenverzweigungen. Einen traubigen Blütenstand finden man in der heimischen Flora zum Beispiel bei der Türkenbund-Lilie (*Lilium martagon*). Bei der Doppeltraube wiederholen die seitlichen Teilblütenstände die traubige Grundstruktur. (Beispiel: Steinklee, *Melilotus*). Achtung, der Blütenstand der Weintraube (*Vitis*) ist keine Traube, wie man vermuten würde, sondern eine stark verzweigte Rispe mit kurzen Rispenästen.

46 Wie unterscheidet sich die Ähre von der Traube?

Die Ähre (Spica) ist ein der Traube ähnelnder Blütenstand. Allerdings sitzen bei der Ähre die Einzelblüten ungestielt oder nur ganz kurzgestielt an einer unverdickten Blütenstandsachse wie zum Beispiel beim Wegerich (*Plantago*). Befinden sich nun in einer Ähre anstelle seitlicher Einzelblüten wiederum Ähren, liegt ein zusammengesetzter Blütenstand in Form einer Doppelähre vor (Beispiel: Fingerhirse, *Digitaria*).

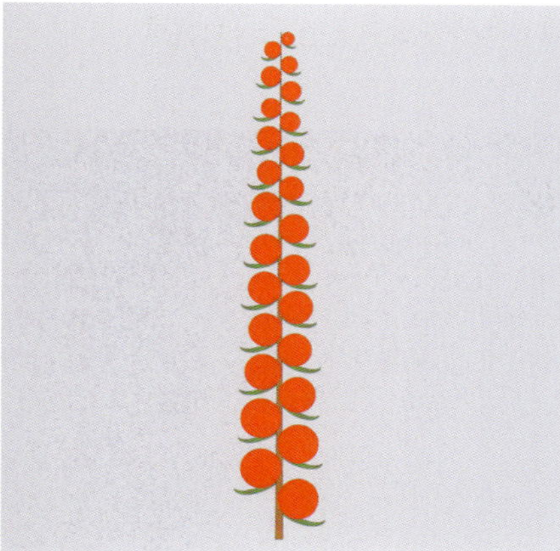

Ährige Blütenstände; Bütenstandsdiagramm (links); ähriger Blütenstand vom Weizen (*Triticum aestivum*) (rechts). (VMD)

47 Was sind Kätzchen?

Der Begriff Kätzchen ist unspezifisch und beschreibt lange hängende Blütenstände, wobei es meist männliche sind. Beim Großteil der Kätzchenblüher handelt es sich um windbestäubte Arten. In den langen hängenden Blütenständen werden die Pollensäcke der männlichen Blüten bestmöglich dem Luftstrom exponiert. Der Wind entfernt die Pollenkörner aus den männlichen Blüten und transportiert sie zu den Narben der weiblichen Blüten.

Männliche Blüten der Schwarz-Erle (*Alnus glutinosa*) in hängenden kätzchenartigen Blütenständen. (VMD)

Typische Kätzchenblüher in der heimischen Flora sind die Erle (*Alnus*), Birke (*Betula*), Hainbuche (*Carpinus*), Hasel (*Corylus*), Eiche (*Quercus*), Ess-Kastanie (*Castanea*) und Walnuss (*Juglans*). Bei diesen Gattungen stehen im Unterschied zu den männlichen Blüten die weiblichen in kompakten, stark reduzierten Blütenständen, die dadurch leicht übersehen werden können.

48 Wie ist ein Blütenköpfchen aufgebaut?

Beim für die Korbblütler (Asteraceae) typischen Blütenstand des Köpfchens (Capitulum) werden zwei Formen unterschieden. Beim aufgewölbten Köpfchen sitzen zahlreiche, ungestielte Einzelblüten einer stark aufgewölbten Hauptachse auf, wie dies beim Purpur-Sonnenhut (*Echinacea purpurea*) der Fall ist. Beim abgeflachten Köpfchen (Beispiel Margerite, *Leucanthemum vulgare*) sitzen die Blüten einer stark abgeflachten, tellerförmigen Hauptachse auf. Die Tragblätter der Einzelblüten im Köpfchen werden bei den Korbblütlern als Spreuschuppen bezeichnet. Es lassen sich Köpfchen

Köpfchenformen; aufgewölbtes Köpfchen des Purpur-Sonnenhuts (*Echinacea purpurea*) (links); abgeflachtes Köpfchen der Färberkamille (*Anthemis tinctoria*) (rechts). (VMD)

unterscheiden, die in der Mitte kleine röhrenförmige Blüten enthalten (Beispiel Gänseblümchen, *Bellis perennis*; hier sind die Röhrenblüten gelb) und außen breitere Zungenblüten (diese sind beim Gänseblümchen weiß). Die Köpfchen vieler Disteln enthalten nur Röhrenblüten und diejenigen des Löwenzahns nur Zungenblüten. Nach der Samenfreisetzung trocknen die Blüten- bzw. Fruchtstände ein und zerfallen.

49 Welche Doldenformen gibt es?

Doldenformen; einfache Dolde der Großen Sterndolde (*Astrantia major*) (links); Doppeldolde des Gierschs (*Aegopodium podagraria*) (rechts). (VMD)

Es gibt zwei Typen, nämlich die einfache Dolde und die zusammengesetzte Doppeldolde. Umgangssprachlich wird nicht immer sauber zwischen beiden Formen unterschieden und oft nur der übergeordnete Begriff Dolde verwendet. Bei der einfachen Dolde (Umbella) entspringen zahlreiche, gleichartige Doldenstrahlen von einem Punkt ausgehend. Jede von ihnen trägt dabei nur eine endständige Blüte, wie dies in der heimischen Flora bei der Großen Sterndolde (*Astrantia major*) zu finden ist. Bei der Doppeldolde wiederholt sich das Verzweigungsmuster und seitliche Döldchen ersetzen die Einzelblüten. Bei der Bestimmung von Doldenblütlern ist es ein wichtiges Merkmal, ob eine Hülle bzw. ein Hüllchen vorhanden ist oder nicht. Die Hülle besteht aus den Tragblättern der Dolde. Die Tragblätter der einzelnen Blüte in einem Döldchen heißen Hüllchen.

50 Welche Arten haben kolbige Blütenstände?

Ein Kolben (Spadix) ähnelt einem ährigen Blütenstand. Hier gibt es ebenfalls eine einfache und durchgehende, jedoch stark angeschwollene Hauptachse, an der zahlreiche, ungestielte Einzelblüten unmittelbar ansetzen. Solch ein Kolben ist typisch für Aronstabgewächse (Araceae). Einen kompakten zylindrischen Kolben mit ungestielten oder kurzgestielten Einzelblüten hat der Rohrkolben (*Typha*).

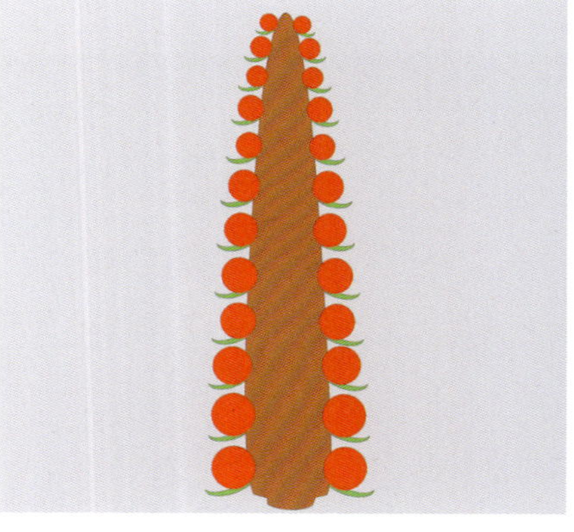

Kolbenformen; Kolben des Mais (*Zea mays*) mit breiter Blütenstandsachse; links: Diagramm, rechts: reifer Kolben. (VMD)

51 Was sind Pelorien?

Manchmal bilden sich in Blütenständen, in denen Blüten mit nur einer Symmetrieebene gebildet werden, besonders große Blüten. Diese weichen vom normalen Blütenbau der Art ab und sind dann strahlig und haben mehrere Symmetrieebenen (radiärsymmetrisch). Solche unförmigen Blüten heißen Pelorien. Meist ist innerhalb eines Blütenstandes nur die Gipfelblüte derartig verändert. Gelegentlich bildet der Rote Fingerhut (*Digitalis purpurea*) an seiner Blütenstandsspitze solch eine radiärsymmetrische Riesenblüte statt einer glockenförmigen Rachenblüte mit Unter- und Oberlippe aus. Diese abnorme Blüte sieht aus, als ob sie aus mehreren Blüten verwachsen wäre und hat auch mehrere Kronzipfel. Solche Blüten sind durch spontane Mutationen entstanden. Erklärungen dafür sind, dass es sich um eine Art Rückschlag handelt. Ursprüngliche Blüten sind radiärsymmetrisch, nur relativ kleine Veränderungen des Erbgutes führten im Laufe der Evolution zu anderen Blütenformen. Gelegentlich können durch „passende Rückmutationen" jedoch wieder ursprüngliche Blütenformen ausgeprägt werden.

Pelorie beim Roten Fingerhut. (HST)

52 Warum sind die Weidenkätzchen so weich und silbrig?

Jeder kennt die im Spätwinter erscheinenden silbrigen Kätzchen vieler Weiden. Weiden sind getrenntgeschlechtlich und es gibt daher rein weibliche oder rein männliche Blütenstände. Zum Zeitpunkt der Blüte ragen in den männlichen Blütenständen die Staubblätter mit den auffälligen gelben Pollensäcken weit heraus. Die Blütenstände haben dadurch auch eine Fernwirkung. Die weiblichen Blüten sind dagegen unauffällig grün, locken jedoch aufgrund eines hohen Nektargehalts Bestäuber an. In den männlichen und weiblichen Blütenständen sind die Tragblätter der Einzelblüten deutlich entwickelt und verdecken bis zum Zeitpunkt des Aufblühens die Blüten. Sie üben somit eine wichtige Schutzfunktion gegenüber den sich entwickelnden Blüten aus. Die Tragblätter der Einzelblüten sind stark silbrig-weiß behaart. Dadurch entsteht die flauschige Struktur der knospigen Blütenstände. Diese toten, luftgefüllten Haare dienen dem Schutz der jungen Blüten, denn sie bilden eine Isolationsschicht um den Blütenstand. Dieser wird so vor Kälte, Austrocknung und übermäßiger UV-Strahlung geschützt.

Männlicher Blütenstand und Blüten der Sal-Weide (*Salix caprea*); Blütenstand in der Knospenlage (links) und Detail der Einzelblüten, deren Tragblätter mit zahlreichen silbrigen Haaren (rechts). (VMD)

53 Wie ist der winzige Blütenstand der Wolfsmilch aufgebaut?

Die Blüten der Wolfsmilch (*Euphorbia*) sind stets eingeschlechtlich, extrem reduziert und haben keine Schauwirkung. Die Einzelblüten sind in sehr komplex aufgebauten Scheinblüten (Cyathien) zusammengefasst. Eine weibliche Blüte, die nur noch aus drei verwachsenen Fruchtblättern besteht, steht endständig. Unterhalb dieser Blüte bilden verwachsene Hochblätter eine schalenartige und meist intensiv gefärbte Hülle. Die Hochblätter haben Nebenblätter, von denen immer zwei zu einem sichelartigen Nektarium verwachsen und bei einigen Arten intensiv gefärbt sind, um Bestäuber anzulocken. Um die weibliche Blüte herum stehen mehrere männliche Blüten, die jeweils aus nur einem einzigen Staubblatt bestehen.

Blütenstand der Zypressen-Wolfsmilch (*Euphorbia cyparissias*) (links); Diagramm eines Cyathiums (rechts). (VMD)

54 Sind die roten Blätter des Weihnachtssterns Blütenblätter?

Die Blüten des Weihnachtssterns (*Euphorbia pulcherrima*) werden, wie bei allen Arten der Gattung *Euphorbia* (Wolfsmilch), in sehr kompakten und unauffälligen Blütenständen (Cyathien) hervorgebracht. Aufgrund der fehlenden Schauwirkung der Cyathien müssen nun andere Strukturen den Schauapparat bilden, um Bestäuber anzulocken. Beim Weihnachtsstern stehen auffällig gefärbte Hochblätter unterhalb der Cyathien.

Aufsicht auf einen blühenden Weihnachtsstern (*Euphorbia pulcherrima*), Schauwirkung durch rote Hochblätter (links); Details der Cyathien (rechts). (VMD)

55 In welchen Blütenständen kann gebadet, gejagt und gebrütet werden?

Ananasgewächse (Bromeliaceae) sind eine rund 3.000 Arten umfassende Pflanzenfamilie der tropischen und subtropischen Gebiete der Neuen Welt. Viele wachsen an Standorten mit schlechter Wasserversorgung, beispielsweise als Aufsitzerpflanzen (Epiphyten) auf Bäumen oder auf felsigem Untergrund (Lithophyten) in Trockengebieten. Viele von ihnen bilden deshalb Blattrosetten, in denen sich Regenwasser wie in einer Zisterne auf Vorrat sammelt. Über besondere Strukturen (Saugschuppen) wird das Wasser direkt über die Blätter aufgenommen. Solch ein kleines Wasserbassin in lebenden Pflanzen heißt Phytotelma. Bei manchen Bromelienarten (z. B. der Gattungen *Aechmea*, *Neoregelia*) entwickelt sich der gestauchte Blütenstand in der Mitte der wassergefüllten Blattzisterne, die Blüten sind von Wasser umgeben. In diesen Phytotelmata leben diverse kleine Organismen, von Bakterien über Pilze bis hin zu Insekten(larven) und Kaulquappen. Diese halten sich dann zwangsläufig zwischen den „gefluteten" Blüten auf.

Wassergefüllter Blatttrichter mit Blütenstand einer Bromelie. (HST)

56 Welche Pflanze bildet die größte Blume der Welt?

Die größte Blume (hier ein gigantischer Blütenstand) bildet die in Sumatra heimische Titanenwurz (*Amorphophallus titanum*). Aus der großen, unterirdischen Knolle bilden sich abwechselnd entweder nur ein einziges riesiges Blatt oder die Blume. Diese wird bis etwa 3 m hoch. Sie besteht aus einem Kolben, der von einem großen, faltenrockartigen Hochblatt umgeben wird. Dieses ist außen grün und innen dunkelrot gefärbt. Im untersten Bereich des Kolbens sitzen viele unscheinbare kleine weibliche Blüten, darüber die männlichen. Die obere Hälfte des Kolbens ist gelb gefärbt und steril.

Die Blume öffnet sich zum Abend hin und ist oft nur eine einzige Nacht geöffnet. Dann heizt sich der Kolben um mehrere Grad über die Umgebungstemperatur auf, damit sich in der Wärme der von der Blume gebildete aasartige Gestank besser ausbreiten kann. Als Bestäuber werden nachtaktive aasliebende Käfer angelockt. Sie fliegen in den „Blumenkelch“ und laben sich am Nektar, der von den weiblichen Blüten am Kelchgrund angeboten wird. Am nächsten Tag öffnen sich die Pollensäcke der männlichen Blüten. Wenn die Käfer die welkende Blume verlassen, werden sie mit Pollen beladen. Dieser kann dann in der nächsten Nacht vielleicht in eine andere Titanenwurz-Blume zur Bestäubung eingetragen werden. Schon bald nach der Bestäubung knickt bei der welkenden Blume der Kolben ab und der „Faltenrock“ schließt sich.

Aufgeblühte Titanenwurz (*Amorphophallus titanum*). (HST)

Pollen & Pollenkörner

57 Was sind Pollenkörner?

Die in den Pollensäcken der Staubblätter gebildeten Pollenkörner enthalten bei den Bedecktsamern zwei Zellen, eine generative (für die Befruchtung und Bildung des Embryos zuständig) und eine vegetative (dient der Bildung des Nährgewebes, aber nicht des Embryos). Die vegetative Zelle bildet später den langen hohlen Pollenschlauch. Während der Pollenkeimung durchbricht der Pollenschlauch die Pollenkornwand, wächst durch den Griffel auf die Samenanlagen im Fruchtknoten zu und dringt in diese ein. Aus der generativen Zelle gehen durch Zellteilung zwei Spermakerne hervor. Diese rutschen ins Innere des hohlen Pollenschlauches hinein. In der Samenanlage angekommen, löst sich die Spitze des Pollenschlauches auf. Die beiden Spermakerne, die jeweils nur den halben Chromosomensatz haben (haploid), werden entlassen und einer von ihnen befruchtet die ebenfalls haploide Eizelle. Der andere verschmilzt mit einem anderen Kern, der allerdings den doppelten Chromosomensatz hat (diploid) und wie die Eizelle ebenfalls zur Samenanlage gehört. Hieraus entsteht später ein Nährgewebe (Endosperm), das den wachsenden Embryo ernährt.

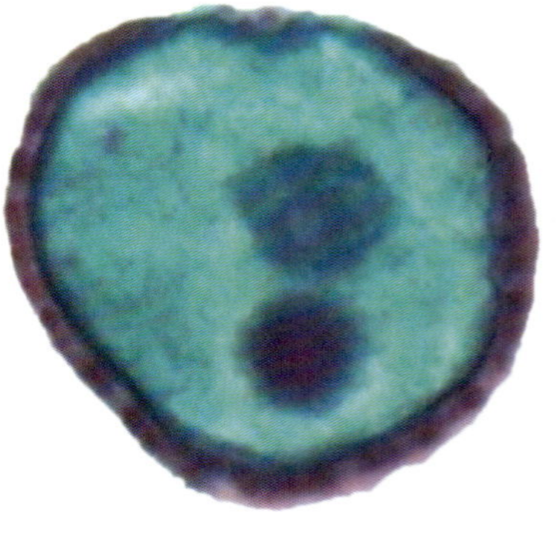

Pollenkorn der Madonnen-Lilie (*Lilium candidum*). (VMD)

58 Wie unterschiedlich sehen Pollenkörner aus?

Pollenkörner sind so unterschiedlich, dass sie bezüglich ihrer Form und Oberflächenstruktur meist eindeutig ganz bestimmten Arten zugeordnet werden können. Dies macht man sich beispielsweise in der Pollenanalyse zu Nutze. Durch Artzuordnung von Pollenkörnern in Bodenproben verschiedener Schichten können Rückschlüsse auf die ehemalige Vegetation gezogen werden. Da die Pollenkörner meist nur Größen von 10-100 µm haben (1 µm ist 1/1000 mm), wird ihre Struktur erst bei starker Vergrößerung unter dem Mikroskop deutlich. Pollenkörner, die durch den Wind ausgebreitet werden, haben eine glatte Oberfläche, um wenig Luftwiderstand zu bieten (Beispiel: Hasel). Pollenkörner, die an Insekten oder anderen Bestäubern haften, zeigen dagegen eine stark strukturierte bis stachelige Oberfläche (Beispiel: Sonnenblume). Pollenkitt auf der Oberfläche sorgt für Klebrigkeit und besseres Anhaften am Bestäuber. Auf der Oberfläche des Pollenkorns befinden sich oft Öffnungen (Aperturen), die abhängig von der Art unterschiedliche Formen (z. B. spaltenförmig oder rund), Anzahl oder Lage (z. B. am „Pol" oder am „Äquator" des kugeligen Pollenkorns) aufweisen. Durch die Apertur kann später das Pollenkorn auskeimen, damit der für die Befruchtung der Eizelle vorgesehene Kern aus dem Pollenkorn zur Eizelle in der Samenanlage transportiert werden kann.

Unterschiedliche Formen von Pollenkörnern.
(Dartmouth College Electron Microscope Facility, Public domain, Wikimedia Commons)

59 Werden Pollenkörner immer einzeln ausgebreitet?

Bei wenigen Arten werden die Pollenkörner nicht einzeln, sondern als Pollenpakete (Massulae) ausgebreitet (Beispiel: Akazie, Mimose). Bei manchen Arten werden die Pollenkörner einer Anthere sogar als Gesamtpaket übertragen. Solche Pollenpakete werden Pollinien genannt. Diese kommen beispielsweise bei den Orchideen vor. Hier sind die Pollenpakete noch mit einem Stielchen und einer Klebscheibe ausgestattet. Wird nun eine Orchideenblüte von einem passenden Bestäuber aufgesucht, werden diesem die Pollinien mit Hilfe der Klebscheibe an den Körper geheftet, sodass es bei einem späteren Besuch auf die Narbe einer anderen Blüte verfrachtet werden kann.

Links: Einheit aus Pollinien, Stielchen und Klebscheibe von der Parfüm-Orchidee (*Stanhopea*) (VMD); rechts: Nach dem Blütenbesuch eines Männlichen Knabenkrautes sitzt ein Büschel rosafarbener Pollinien am Kopf der Hummel. (HST)

60 Unter welchem Pollen leiden Pollenallergiker ganz besonders?

Menschen, die unter Heuschnupfen leiden, wissen, wie unangenehm allergische Reaktionen auf Pollen sein können. Im Frühling sind bekanntlich vor allem Birken-, Erlen- und Haselpollen für viele sehr unangenehm. Der Pollen des Beifußblättrigen Traubenkrautes (*Ambrosia artemisiifolia*) hat es ganz besonders in sich. Das Kraut stammt aus Nordamerika und wird bei uns häufig mittels verunreinigtem Vogelfutter ausgebreitet. Das einjährige Gewächs ist hierzulande ein pflanzlicher Neubürger (Neophyt). Es blüht bei uns erst im Herbst und produziert, für windbestäubte Arten typisch, massenhaft Pollen (viele Millionen bis über eine Milliarde Pollenkörner pro Pflanze). Sie können beim Menschen sehr starke Pollenallergien und Reizung der Augen sowie der Atemwege auslösen. Dafür reicht schon eine Konzentration von sechs Pollenkörnern pro Kubikmeter Luft aus. Der Nachteil ist, dass aufgrund der späten Blütezeit für Pollenallergiker der Zeitraum für Allergien um etwa zwei Monate verlängert wird. Auch kann der Kontakt mit der ganzen Pflanze zu Allergien führen, weshalb *Ambrosia*-Pflanzen, die irgendwo spontan aufkommen, mit großer Vorsicht unbedingt vernichtet werden sollten.

Blühendes Beifußblättriges Traubenkraut. (HST)

61 Gibt es auch unter den Bedecktsamern Windbestäubung?

Einer der Hauptgründe für den rasanten Siegeszug der Bedecktsamer ist die enge Interaktion zwischen Tieren und Pflanzen, besonders die Beziehung zwischen Blüte und Bestäuber. Jedoch gibt es auch einige windbestäubte Arten. Beispielsweise sind in der heimischen Flora sämtliche Süßgräser (Poaceae), Binsengewächse (Juncaceae) und Sauergräser (Cyperaceae) windblütig. Aber die Windbestäubung ist nicht nur unter krautigen Arten zu finden, sondern auch bei Bäumen. Beispielsweise sind alle Arten der Buchengewächse (Fagaceae), zu denen unter anderem Eiche und Buche gehören, windbestäubt. Und auch die Arten aus der Familie der Birkengewächse (Betulaceae) mit Birke, Erle, Hainbuche oder Hasel nutzen den Wind für die Ausbreitung ihrer Pollenkörner.

Windbestäubte Bedecktsamer; links: Hainbuche (*Carpinus betulus*); rechts: Deutsches Weidelgras (*Lolium perenne*). (VMD)

62 Wie unterscheiden sich wind- von tierbestäubten Blüten?

Zur Anlockung von Bestäubern haben tierbestäubte Blüten in der Regel eine auffällige Blütenhülle und weisen entsprechende Farb- und Duftmerkmale auf. Zudem werden in den Blüten häufig auch Nektar oder Pollen als Belohnung angeboten. Anders verhält es sich in den Blüten windbestäubter Arten, die meist bis auf die Fortpflanzungsorgane reduziert und unscheinbar sind. Eine auffällige Blütenhülle fehlt, da sie nicht nur unnötig ist, sondern im Bestäubungsprozess sogar hinderlich wäre. Ähnliches gilt für die Belaubung. Blätter bremsen den Wind und den Flug der Pollenkörner ab, sodass sie möglicherweise nicht mehr auf die Narben der Blüten gelangen. Daher sind viele der windbestäubten Bäume auch Winterblüher, die lange vor dem Laubaustrieb blühen (z. B. Erle und Hasel). Andere windbestäubte Bäume blühen entweder kurz vor oder mit dem Laubaustrieb (z. B. Eiche und Buche). Dadurch wird gewährleistet, dass die Pollenkörner bestmöglich durch den Wind aus den Pollensäcken entfernt und auf den Narben abgelegt werden. Bei windbestäubten Kräutern (z. B. Gräser) befinden sich die Blütenstände auch stets dem Wind exponiert am Ende des Halmes. Während in einer tierbestäubten Blüte die Pollenkörner gezielt an der klebrigen Narbe abgestreift werden können, ist dies bei Windbestäubung nicht möglich. Daher müssen immense Mengen an Pollenkörnern produziert und in die Luft entlassen werden, um einen Bestäubungserfolg zu gewährleisten. Viele windbestäubte Arten, wie zum Beispiel der Großteil der Gräser, haben zudem eine federartige Narbe (Federnarbe). Hier sind die einzelnen Narbenäste mit langen, klebrigen Papillen versehen, was die pollenkorneinfangende Oberfläche stark vergrößert und so den Bestäubungserfolg erhöht. Ein großer Vorteil der Windbestäubung ist, dass sie auch in Abwesenheit eines speziellen Bestäubers stattfinden kann. Allerdings hat diese Unabhängigkeit ihren Preis: Die Produktion der benötigten Pollenmengen ist für die Pflanze sehr energieaufwändig.

63 Welche Blüten werden bevorzugt von Schmetterlingen bestäubt?

Je nach Aktivität der Schmetterlinge sehen die von ihnen bevorzugten Blüten ganz unterschiedlich aus. Tagfalterblumen sind oft röhren- bis schlundförmig mit bis zu 4 cm tief verborgenem Nektar. Sehr attraktiv sind Stieltellerblumen wie verschiedene Nelken, auf deren waagerecht von der Kronröhre abgeklappten Kronblättern sich die Falter niederlassen können. Die blumig-fruchtig duftenden Blüten zeigen kräftige Farben und oft ein Muster, das die Tiere zum Eingang der Kronröhre hinleitet. Nachtfalterblumen sind nicht leuchtend gefärbt, da die bestäubenden Tiere erst ab der Dämmerung fliegen, wenn Farben keine Rolle mehr spielen. Viele Nachtfalterblumen duften tagsüber nicht und sind geschlossen. Sie öffnen sich erst zum Abend hin (Beispiele Nachtkerze, *Oenothera*; Stechapfel, *Datura*). Die Blüten sind weißlich, cremefarben bis gelb gefärbt, um sich gegen die Dämmerung abzuheben sowie ohne deutliche Farbmale, denn sprichwörtlich sind „nachts alle Katzen grau“. Sie verströmen mit Einbruch der Dämmerung einen schweren süßen Duft (Beispiel: Geißblatt, *Lonicera*) und sind häufig exponiert, damit sie von Schwärmern kolibriartig im Schwirrflug aufgesucht werden können. Nektar ist meist tief verborgen in einem schmalen Blütenschlund oder Nektarsporn, in die Schmetterlinge ihren langen Rüssel einfahren können.

Idealer Landeplatz für Schmetterlinge auf den Blüten der Kartäuser-Nelke (*Dianthus carthusianorum*). (HST)

64 Kann man duftende Blütenbereiche sichtbar machen?

Ja, mit Hilfe des Vitalfarbstoffes Neutralrot. Eine wässrige Lösung von Neutralrot ist bis etwa pH7 rot gefärbt, darüber wird sie gelb. Der Farbstoff kann in Zellen eindringen und färbt nur lebende Zellen rot. Dort, wo die Blüten besonders stark duften, wie in manchen Bereichen der Blütenkronblätter, sind die Zellwände ziemlich dünn. Zu dicke Zellwände würden das Austreten der Duftmoleküle, die in den Zellen produziert werden, behindern. Werden nun Blüten einige Stunden lang in eine Neutralrot-Lösung gelegt, färben sich die duftenden Bereiche rot, da nur hier der Farbstoff wegen der dünnen Zellwände in das Gewebe eindringen kann. Bei der Narzisse färbt sich vor allem die duftende Nebenkrone (die „Trompete“). Beim Schneeglöckchen nehmen besonders die duftenden unteren Ränder der drei inneren Blütenblätter rote Farbe an, auf den äußeren Blütenblättern sind Streifen zu erkennen. Sie sind duftende „Wegweiser“ zum Nektar.

Blüte des Schneeglöckchens (*Galanthus nivalis*) in Neutralrot eingelegt, links; Schneeglöckchen sind für die ersten Insekten des Jahres eine wichtige Nektarquelle. (HST)

65 Was macht die Küchenschelle für Insekten so attraktiv?

Die Küchenschelle (*Pulsatilla vulgaris*) wächst auf trockenen Magerwiesen und blüht etwa im März und April, wenn es noch empfindlich kalt sein kann. Die violetten Blüten erinnern an Kuhglocken, worauf sich der deutsche Name bezieht (Küchen = Kühchen = kleine Kuh, Schelle = Glocke, lat. pulsare = schlagen, läuten). Diese Blütenglocken richten sich zur Sonne hin aus, sodass sie sich an noch kühlen Frühlingstagen gegenüber der Lufttemperatur deutlich aufwärmen können, was den blütenbesuchenden Insekten sehr gelegen kommt. Angelockt werden Bienen und Hummeln von den zahlreichen gelben Staubblättern, die mit dem Violett der Blütenkrone kontrastieren. Ein Teil des reichlich produzierten Pollens dient den Bestäubern als Nahrung, der klebrige Blütenstaub bleibt aber auch im Pelz der Insekten hängen. Zusätzlich werden die Bestäuber durch Nektar entlohnt, der am Blütengrund von sterilen Staubblättern produziert wird.

Blüte der Küchenschelle (*Pulsatilla*) mit vielen gelben Staublättern. (HST)

66 Wozu dient der Hebelmechanismus beim Salbei?

Die Lippenblumen des Salbeis (*Salvia*) zeigen eine Besonderheit im Bestäubungsmechanismus. Hier ist die Staubblattanzahl in der Blüte auf zwei reduziert. Das Verbindungsstück (Konnektiv), das die beiden den Pollen enthaltenden Theken der Staubbeutel verbindet, ist stark asymmetrisch verlängert. Außerdem ist nur noch eine der beiden Theken fertil. Sie ist zur Oberlippe hin orientiert und liegt ihr eng an. Die zweite Theka ist zu einer sterilen Druckplatte umgewandelt. Die beiden Druckplatten der beiden Staubblätter sind so positioniert, dass sie den Weg ins Innere der Kronröhre versperren. Das Insekt, das mit seinem Rüssel den an der Basis der Kronröhre gebildeten Nektar trinken will, übt nun mit seinem Rüssel oder dem gesamten Kopf Druck auf die den Weg versperrenden Platten aus. Dadurch wird nun der Staubfaden mit dem Staubbeutel wie ein Schlagbaum nach vorne/unten gedrückt. Die fertile Theka wird dabei dem Insekt schlagartig auf den Rücken gedrückt (Hebelmechanismus).

Rückenbestäubung beim Wiesen-Salbei (*Salvia pratensis*) durch den Hebelmechanismus. (VMD)

67 Hummelschaukel, ein Spielgerät für Hummeln?

Hier tummeln sich zwar manchmal Hummeln, die Hummelschaukel ist jedoch der deutsche Name für einen in Südamerika heimischen Salbei (*Salvia uliginosa*). Die bis 2 m hohe Staude wird hierzulande gelegentlich für die Sommerbepflanzung von Beeten verwendet. Sie ist nur bedingt winterhart und sollte, wenn man sie durchkultivieren möchte, im Herbst frostfrei als Kübelpflanze überwintern. Die Hummelschaukel blüht vom Hochsommer bis zum Oktober und ist eine gute Bienen- bzw. Hummelweide. Der deutsche Name erklärt sich aus der Beobachtung, dass der lange Blütenstand ins Schwanken gerät, wenn dicke, relativ schwere Hummeln die himmelblauen Blüten aufsuchen. Die essbaren Blüten haben einen pfefferartigen Geschmack, weshalb die Art auch Pfeffer-Salbei genannt wird.

Der Name ist Programm: Hummel besucht Hummelschaukel (*Salvia uliginosa*). (HST)

68 Sind die Revolverblüten des Enzians wirklich gefährlich?

Die blauen Blüten des Stängellosen Enzians (*Gentiana acaulis*) sind nur bei trockenem Wetter geöffnet. Am Grund des Blütentrichters sondern fünf Drüsen Nektar ab. Die Antheren der Staubblätter bilden eine den Griffel umgebende Röhre und die Staubfäden sind lamellenartig mit der Blütenkrone verwachsen. Dadurch entstehen fünf nektarhaltige Kammern, die jeweils von oben für die Bestäuber zugänglich sind. Vor allem Hummeln und Bienen bewegen sich von einer zur nächsten Nektarkammer und führen dabei ihren Rüssel fünfmal zum Nektar. Wegen der Nektarkammern, die den Kammern im drehbaren Magazin eines Revolvers ähneln, spricht man hier von einer Revolverblüte. Die Bezeichnung Revolver leitet sich im Übrigen von der lateinischen Vokabel revolvere (= abrollen, umwälzen) ab.

Längs geöffnete Enzianbüte mit den fünf Nektarkammern. (HST)

69 Was sind maskierte Blüten?

Maskierte Blüten sind zweilippige Rachenblumen mit einer relativ breiten Kronröhre, in der die Geschlechtsorgane eingeschlossen sind. Ober- und Unterlippe sind dabei wulstartig vorgewölbt und der Schlund (Eingang in die Blüte) ist verschlossen. Maskierte Blüten haben beispielsweise das Große Löwenmäulchen (*Antirrhinum majus*) und das Gemeine Leinkraut (*Linaria vulgaris*). Kleine Insekten werden beim Leinkraut durch die Maske davon abgehalten, den Nektar zu stehlen, ohne zu bestäuben. Kräftige Hummeln und Honigbienen können aber die Blüte öffnen, nachdem ihnen das orangegelbe Saftmal den Weg zum nektarhaltigen Blüteninneren gezeigt hat. Die Unterlippe wird durch ein federndes Gelenk an die Oberlippe gepresst, wobei eine

Maskierte Blüten des Leinkrauts (*Linaria vulgaris*). (HST)

Haarbürste auf der Unterlippe die Blüte fest verschließt. Wenn die Hummel ihren Rüssel zwischen die Ober- und Unterlippe schiebt, öffnet sich das Gelenk und gibt den Zugang in die Blüte frei. Beim Leinkraut ist der Nektar in einem langen Sporn verborgen. Griffel und Staubblätter liegen der Oberseite des Schlundes an, sodass die Hummel auf dem Weg zum Nektar am Kopf oder Rücken mit Pollen eingepudert wird oder die Narbe bestäubt. Es gibt auch „faule" Hummeln, die die Maske nicht öffnen und den Nektar durch Anbeißen des Sporns von außen rauben. Sie übertragen somit keinen Pollen. Das Taubenschwänzchen, ein tagaktiver Nachtfalter, der wie ein Kolibri die Blüte anfliegt, ist ebenfalls ein Nektardieb. Es führt seinen langen Rüssel durch eine kleine Lücke zwischen den Lippen bis zum Nektar im Sporn ein und muss zum Nektartrinken die Maske nicht öffnen.

70 Sind Lindenblüten wirklich giftig für Bienen?

Vielfach hat man in den vergangenen Jahren vom Bienen- bzw. Hummelsterben unter Lindenbäumen gelesen. Vorschnell wurde gemutmaßt, dass der Nektar besonders der fremdländischen Linden (Beispiel Silber-Linde, *Tilia tomentosa*) für unsere Bienen und Hummeln giftig sei, denn unter großen Linden findet man jährlich zahlreiche verendete Insekten. Jedoch ist der Nektar nicht giftig, sondern nur sehr kalorienarm und schmeckt trotzdem ausgesprochen süß. Aufgrund des geringen Zuckergehaltes bzw. Nährwertes verbrauchen die Insekten beim Anflug und während der Bestäubung viel mehr Energie, als sie durch den Nektar zu sich nehmen. In dem Falle haben die Bestäuber eine so gravierende negative Energiebilanz, dass sie sich vollkommen verausgaben und infolgedessen verenden. Was diesen Effekt noch verstärkt, ist der späte Blütezeitpunkt der Linden im Hochsommer, wenn kaum noch andere Arten blühen und die Bestäuber nur selten noch die Möglichkeit haben, dieses Energiedefizit andernorts auszugleichen. Dies ist besonders im innerstädtischen Straßenraum der Fall, da Linden bei uns nach wie vor beliebte Straßen- und Alleenbäume sind.

Linden (*Tilia*) gehören zu den wenigen sommerblühenden heimischen Baumarten. (VMD)

71 Warum sind die Blüten des Fingerhuts dunkel gefleckt?

Der Rote Fingerhut (*Digitalis purpurea*) ist eine Pflanze der Kahlschläge, aber auch eine Zierpflanze. Er bildet am traubigen Blütenstand zahlreiche schräg nach unten hängende, meist purpurrote, seltener weiße Blüten. Sie haben in etwa die Form eines Fingerhutes mit einer kleinen vorstehenden Lippe, auf der die Bestäuber landen können. Die nur vier Staubblätter und der Griffel mit seiner zweilappigen Narbe liegen der oberen Innenwand der Kronröhre dicht an. Die Pollensäcke entlassen den Blütenstaub, bevor die Narben empfängnisbereit sind. Krabbelt nun ein kräftiges Insekt in die Blüte, wird es am Rücken mit Pollen eingepudert. Beim Besuch einer anderen älteren Blüte in der weiblichen Phase bleiben die Pollenkörner an der Narbe kleben, die Bestäubung ist erfolgt. Besonders Hummeln stehen auf Fingerhut. Sie werden von dem Muster aus weißberandeten dunkelpurpurnen Flecken effektiv angelockt. Da sie zahlreiche Staubbeutel und damit reichlich Pollen als Futter vortäuschen, die Hummeln am Eingang zum Blütenrachen im Bereich der Staubbeutelattrappen aber nichts zu fressen finden, dringen sie immer weiter in den Blütenschlund bis zum Nektar vor. Dabei halten sie sich relativ lange in der Blüte auf, worauf die Chance auf eine erfolgreiche Bestäubung steigt. Hummeln suchen die einzelnen Blüten im Blütenstand während der Futtersuche meist von unten nach oben auf.

Blick in die Blüten des Roten Fingerhuts (*Digitalis purpurea*). (HST)

72 Warum hat die Primel unterschiedlich lange Griffel?

Verschiedengriffeligkeit (Heterostylie) ist ein wichtiger Mechanismus zur Verhinderung von Selbstbestäubung. Bei Primeln gibt es genetisch bedingt zwei Typen von Blüten, die sich durch ihre unterschiedlich lang gestielten Griffelformen auszeichnen. Dabei gibt es Pflanzen mit kurzgriffeligen Blüten, bei denen Griffel und Narbe tief in der Kronröhre verborgen sind, während die Staubblätter weit aus der Blüte herausragen. Beim langgriffeligen Blütentyp ragen hingegen Griffel und Narbe weit aus der Blüte heraus, während die Staubblätter kurz gestielt sind und in der Kronröhre verborgen bleiben. Insekten, die auf einer Blüte mit langen Staubblättern mit Pollen bepudert wurden, können den Pollen nur auf Narben von Blüten des anderen Typs mit langem Griffel abstreifen.

Hohe Schlüsselblume (*Primula elatior*); zur Verhinderung von Selbstbestäubung gibt es bei Primeln Individuen mit entweder lang- (links) oder kurzgriffelige Blüten (rechts). (VMD)

73 Was macht ein Streukegel in der Beinwell-Blüte?

Der bei uns heimische Beinwell (*Symphytum officinale*) und auch der als Zierpflanze in unseren Gärten gedeihende Kaukasus-Beinwell (*Symphytum caucasicum*) haben blauviolette bis gelbliche bzw. blaue glockenförmige Blüten. Die verwachsene Krone endet mit fünf Zipfeln. Von der Blütenkrone eingeschlossen wird ein Streukegel, der aus den Staubbeuteln der fünf mit der Blütenkrone verwachsenen Staubblätter gebildet wird. Die Staubbeutel liegen kegelförmig aneinander und öffnen sich nach innen, sodass der reife Pollen in das Innere dieses Kegels abgegeben wird. Der Zugang zum Streukegel wird durch fünf Auswüchse der Blütenkrone verkleinert. Griffel und Narbe durchdringen den Streukegel. Langrüsselige Insekten, wie manche Hummeln, klammern sich am Rand der Blütenglocke fest und schieben ihren Rüssel durch die Lücke zwischen dem Griffel und den Schlundschuppen zum Nektar am Blütengrund. Dabei berühren sie den Streukegel, sodass der Pollen wie Salz aus einem Salzstreuer auf sie gestreut wird. Insekten mit einem kurzen Rüssel umgehen diesen Mechanismus, indem sie von außen die Blütenglocke in Höhe des Nektarreservoirs aufbeißen.

Streukegel in der Blüte des Kaukasus-Beinwells (*Symphytum caucasicum*). (VMD)

74 Wie erfolgt die Bestäubung in einer Umlaufblume?

Unter Umlaufblumen werden solche Blüten verstanden, bei dem die Bestäuber in der Blüte um eine zentrale Geschlechtssäule (Androgynophor) sprichwörtlich „herumlaufen". Solche Umlaufblumen sind zum Beispiel typisch für zahlreiche Passionsblumen (*Passiflora*) und Krötenlilien (*Tricyrtis*). Hier produzieren Nektarien am Blütenboden fortlaufend einen süßen, zuckerhaltigen Nektar. Der Bestäuber, der nun an den Nektar gelangen möchte, umläuft wie in einem Karussell dabei mehrfach die zentrale Geschlechtssäule, die die Fortpflanzungsorgane trägt. Dabei werden in der männlichen Blühphase dem Insekt Pollenkörner auf den Rücken aufgelagert. Sind die Pollenkörner freigesetzt, trocknen die Staubblätter ein und hängen schlaff herab. In der weiblichen Phase nehmen die Griffel mit den klebrigen Narben die ehemalige Position der Staubblätter ein. Das blütenbesuchende Insekt streift nun die sich auf dessen Rücken befindlichen Pollenkörner aus einer anderen Blüte an den klebrigen Narben ab. Somit wird nicht nur die Blüte effektiv bestäubt, sondern auch die unerwünschte Selbstbestäubung verhindert.

Die Passionsblume (*Passiflora alata*) ist ein typisches Beispiel für eine Umlaufblume; links: Blüte in der Aufsicht; rechts: Blüte in der weiblichen Phase, die Narben ragen in die Position der entleerten Staubblätter. (VMD)

75 Wie tricksen Ragwurz-Orchideen geile Insektenmännchen aus?

Einige Ragwurz-Orchideen (*Ophrys*) sind bei uns heimisch und wachsen auf Magerrasen. Deutlich mehr Arten gibt es im Mittelmeergebiet. Die kleinen Erdorchideen haben unterirdische Knollen und ihre traubigen Blütenstände werden je nach Art nur wenige bis rund 40 cm hoch. An ihnen sind die wenigen Blüten locker verteilt, die in ihrem Aufbau an verschiedene Insekten erinnern. Daher kommen auch beispielsweise die Bezeichnungen Fliegen-Ragwurz (*Ophrys insectifera*), Bienen-Ragwurz (*Ophrys apifera*), Hummel-Ragwurz (*Ophrys holoserica*) oder Wespen-Ragwurz (*Ophrys tenthredinifera*). Die Lippe der jeweiligen Blüte ist relativ groß, am Rand behaart und in der Mitte kahl und charakteristisch gefärbt. Als Bestäuber werden Männchen vor allem verschiedener Hautflügler angelockt. Meist sind es solitäre Wildbienen, aber auch verschiedene Wespen sind die Bestäuber von Ragwurz-Arten. Die einzelnen *Ophrys*-Arten imitieren mit ihren Blüten die Weibchen ihrer ganz speziellen Bestäuber. Die Lippe sieht wie der Insektenkörper aus, die seitlich abstehenden größeren Blütenblätter ahmen die Flügel nach, die schmaleren die Fühler des Insekts. Neben der Form und Farbgebung der Blüten werden auch die Behaarung der Weibchen sowie deren Sexuallockstoff imitiert. Die „liebestollen" Männchen werden von den vermeintlichen Weibchen stark angezogen, gerade auch dann, wenn noch nicht so viele echte Weibchen unterwegs sind. Die Insektenmännchen klammern sich an der Blüte fest und kopulieren mit ihr, was sie natürlich nicht zum gewünschten Erfolg führt. Ihnen werden aber während dieser Pseudokopulation zwei Pollenpakete (Pollinien) angeheftet, die sie dann beim Besuch einer zweiten Blüte auf der Narbe abstreifen. Derartige trickreiche Blumen werden Sexualtäuschblumen genannt. Im Eifer des Gefechtes fliegen Insektenmännchen nicht nur die für sie gedachten Pseudoweibchen an. Blühen verschiedene *Ophrys*-Arten gleichzeitig im Revier des Insektenmännchens, „vertun" sich die Bestäuber, sodass es bei *Ophrys* relativ häufig zu Hybridisierungen kommt.

Insektenähnliche Blüten der Fliegen-Ragwurz (*Ophrys insectifera*). (HST)

76 Warum wachsen manchmal ähnliche Blüten unterschiedlicher Pflanzenarten nebeneinander?

Es handelt sich um Mimikry, ein Phänomen, das vor allem bei vielen Tieren, aber auch bei Pflanzen vorkommt. Dabei imitiert eine Art eine andere zum eigenen Vorteil, manchmal sogar beider Arten. Dem Prinzip „gemeinsam wirken wir besser" folgt das Phänomen, dass ähnlich gefärbte nektarreiche Blumen in direkter Nachbarschaft gedeihen, um in der Gruppe besonders attraktiv für Bestäuber zu sein. Ein Beispielpärchen bilden das Alpen-Fettkraut (*Pinguicula alpina*) und der Alpen-Hahnenfuß (*Ranunculus alpestris*). Beide Blüten sind hier weiß und gelb gefärbt. Beim Hahnenfuß locken die gelben, Pollen liefernden Staubblätter Bestäuber an, zusätzlich wird am Blütengrund Nektar abgegeben. Der gelbe Fleck des Fettkrautes imitiert Staubblätter, weist den Insekten aber auch den Weg ins Blüteninnere zum nektargefüllten Sporn. Unter nektarreiche Blumen gesellen sich manchmal aber auch Pflanzen mit ähnlich gefärbten, allerdings nektarfreien Blüten, die dann „versehentlich" von den Bestäubern aufgesucht werden. Enthält eine der beiden Arten keinen Nektar, muss ihre Individuenanzahl deutlich unter derjenigen der nektarreichen liegen, damit Blütenbesucher nicht auf zu viele nahrungslose Blumen treffen und dann auf ganz andere Blüten ausweichen.

Alpen-Fettkraut (links unten und rechts oben) und Alpen-Hahnenfuß (Mitte). (HST)

77 Warum gibt es beim Holunder-Knabenkraut gelbblütige und purpurfarbene Exemplare?

Das Holunder-Knabenkraut (*Dactylorhiza sambucina*) ist in Europa verbreitet und kommt vor allem in Hochgebirgen bis in die alpine Stufe vor. Manche Exemplare haben gelbe Blüten, andere purpurrote. Durch diese zwei Farbvarianten wird die Bestäubungsrate erhöht: Denn die Blüten bilden keinen Nektar und sind eigentlich für Insekten uninteressant. Besucht nun eine Hummel oder Biene ein gelbes Exemplar, ist es enttäuscht, keinen Nektar gefunden zu haben. Die Tiere fliegen danach lieber ein andersfarbiges Exemplar an. Auch da gibt es nichts, deshalb wechseln sie danach wieder zur gelben Pflanze. Besonders junge, unerfahrene Insekten verschmähen diese Blüten aber nicht komplett, denn sie haben noch nicht gelernt, dass diese Orchideen generell keinen Nektar bieten. Es hätte ja sein können, dass vorher ein anderer Blütenbesucher den Nektar leergetrunken hat. Die Orchidee spart die energieaufwändige Nektarproduktion, und trotzdem fliegen die Insekten von einem Exemplar zum anderen und vollziehen dabei die Bestäubung – auch ohne Belohnung.

Holunder-Knabenkraut (*Dactylorhiza sambucina*) in hellgelb und purpurrot. (HST)

78 Warum wechseln Blüten ihre Farbe?

Ein bekanntes Beispiel ist die Rosskastanie (*Aesculus hippocastanum*). Die frisch entfalteten weißen Blüten tragen einen gelben Fleck, der als Saftmal bezeichnet wird und Bienen sowie anderen Bestäubern den Weg zum Blüteninneren mit dem Nektar weist. Bei älteren Blüten, die bereits bestäubt sind, verfärbt sich das Saftmal nach orange oder rot. Dies ist ein Hinweis für die Bestäuber, dass der Nektar aus der Blüte schon ausgetrunken wurde und sich ein Blütenbesuch für sie nicht mehr lohnt. Bienen sind rotblind, deshalb ist der nun rote Wegweiser für sie nicht mehr attraktiv. Beim Vergissmeinnicht (*Myosotis*) und Lungenkraut (*Pulmonaria*) sind die jungen Blüten rosa, die älteren bestäubten Blüten aber blau gefärbt. Insekten lernen, wie die nektarreichsten Blüten gefärbt sind. Hier ändert sich der Säuregehalt des Zellsaftes. Der Blütenfarbstoff (Anthocyan) ist im sauren Milieu der jungen Blüten rosarot gefärbt, im basischen der älteren blau. Das ursprünglich gelbe Saftmal, das das Blütenzentrum markiert, verblasst bei älteren Blüten und wird reizlos. Man kann diese pH-Wert-abhängige Blütenfärbung auch künstlich in einem kleinen Versuch erzeugen. Beträufelt man die blauen Blüten des Lungenkrauts mit saurem Essig, so erfolgt prompt ein Farbumschlag nach rosa in den benetzten Bereichen.

Rosskastanie (*Aesculus hippocastanum*) mit gelben bzw. roten Saftmalen. (HST)

79 Gibt es Blüten, die mit Ölen locken?

Die übliche Belohnung für Blütenbesucher sind kohlenhydrathaltiger Nektar und proteinreicher Pollen. Tatsächlich gibt es aber auch einige Pflanzenarten, die ihren Bestäubern fette Öle anbieten. Auf diese Ölblumen sind bestimmte ölsammelnde Bienen spezialisiert. Mittlerweile sind über 2.000 Ölblumen bekannt, die vor allem in den Tropen verbreitet sind. In unserer Flora wurde bisher nur für Gilbweiderich-Arten (*Lysimachia vulgaris, L. thyrsiflora*) nachgewiesen, dass sie in ihren Blüten in besonderen Geweben fette Öle produzieren. Bestimmten Bienen (Weibchen der Schenkelbienen, *Macropis*) sammeln das Öl als Nahrung für ihre Brut. Diese Insekten sind so auf Gilbweiderich spezialisiert, dass sie nur dort vorkommen, wo es auch Gilbweiderich gibt. Die Schenkelbienen nehmen das von den Blüten gebildete Öl mit ihren vorderen und mittleren Beinen auf und sammeln es später an Bürsten an ihren Hinterbeinen. Anhand ihrer dicken, mit einer gelben Masse aus Ölen und Pollen anderer Blüten, beladenen Hinterbeine, lassen sich Schenkelbienen gut erkennen. Nektar bilden die Blüten des Gilbweiderichs nicht. Außer von Schenkelbienen werden sie aber auch von Pollen fressenden Schwebfliegen aufgesucht.

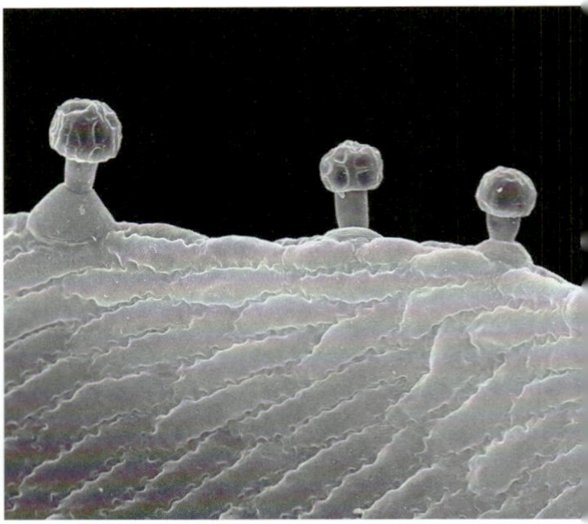

Links: Gilbweiderich und Schenkelbiene (HST); rechts: Ölkörperchen auf den Kronblättern im rasterelektronenmikroskopischen Bild (VMD).

80 Welche Blumen verführen Bienenmännchen mit einem duftenden Parfüm?

Die Orchideengattung *Stanhopea* (Parfüm-Orchidee) umfasst über 50 Arten und hat einen Verbreitungsschwerpunkt von Brasilien bis Mexiko. *Stanhopea graveolens* ist eine der am häufigsten kultivierten Parfüm-Orchideen. *Stanhopea*-Arten sind Epiphyten in feuchten tropischen Wäldern. Ihre Blüten verströmen einen intensiven Duft, der Männchen der Prachtbienen (*Euglossini*) anlockt. Die Männchen nutzen das für sie äußerst attraktive Duftöl aus der Orchideenblüte, um damit Weibchen zu becircen. Durch das Sammeln des Parfüms werden die Prachtbienen-Männchen möglicherweise etwas berauscht und fallen durch einen von Lippe und Säule umschlossenen „Blütenschacht“ aus der Blüte. Die dabei mitgerissenen Pollenpakete bleiben beim nächsten Blütenbesuch an der Narbe einer *Stanhopea*-Blüte hängen.

Stanhopea-Orchideen locken mit Parfüm. (HST)

81 In welchen Blüten geraten Insekten in die Klemme?

Seidenpflanzen (z. B. *Asclepias*) tricksen, um Bestäuber effektiv mit Pollen zu beladen. Ihre sternförmigen Blüten enthalten Klemmfallen. Im Zentrum der Blüte sitzt ein Verwachsungsprodukt aus Staub- und Fruchtblättern (Geschlechtssäule). Die Pollenkörner eines Pollensacks sind zu einem Paket (Pollinium) verklebt. Zwei benachbarte Pollinien sind über zwei Stielchen mit einem Klemmkörper verbunden, von denen eine Blüte fünf Stück enthält. Die Klemmkörper haben einen Spalt. Bestäuber, die zum Nektartrinken auf der Blüte gelandet sind, verfangen sich mit ihren Beinen oder dem Rüssel in den Spalten des Klemmkörpers. Befreien sich die Insekten mit viel Kraft aus der Klemme, reißen sie den Klemmkörper mitsamt der beiden anhaftenden Pollenpakete heraus, die nun am Tier festsitzen. Beim Besuch der nächsten Blüte werden die Pollinien auf die Narben im Blütenzentrum übertragen. Die meisten Insekten können sich aus der Klemmfalle befreien, was auch für die Bestäubung sinnvoll ist. Dennoch ist gelegentlich zu beobachten, dass kleine oder schwache Insekten in der Klemmfalle hängen bleiben und auf der Blüte verenden.

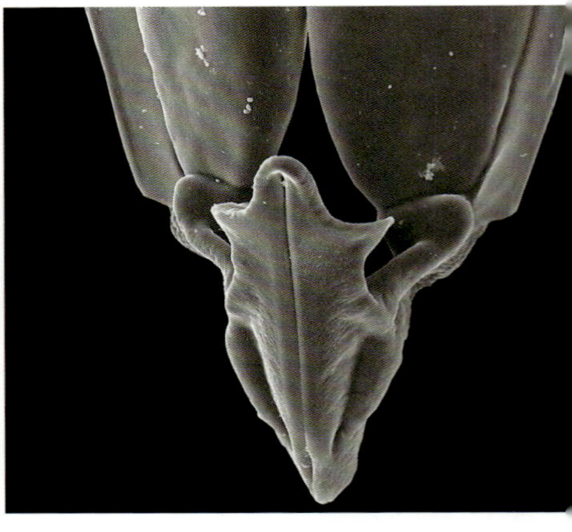

Links: Blüten der Gewöhnlichen Seidenpflanze (*Asclepias syriaca*) mit eingeklemmtem Käfer (HST); rechts: Wachsblume (*Hoya carnosa*), gestielte Pollenpakete mit basaler Klemmschiene im rasterelektronenmikroskopischen Bild (VMD).

82 Warum hat die Wilde Möhre in der Mitte ihrer Dolde eine schwarze Blüte?

Der Blütenstand der Wilden Möhre (*Daucus carota*) ist eine Doppeldolde, die aus vielen kleinen weißen Einzelblüten zusammengesetzt ist. Im Zentrum des Blütenstandes befindet sich eine einzige, durch Anthocyane purpurschwarz gefärbte Möhrenblüte. Das ist eine weit verbreitete Gruppe von Pflanzenfarbstoffen, die vielen Blüten ihre bläulichen, rötlichen oder schwarzroten Farben verleihen, aber auch den roten Zwiebelschalen und den Blättern des Rotkohls Farbe geben. Dem unterständigen Fruchtknoten der einzelnen Blüte sitzt ein wulstartiges Diskusnektarium auf. Dieses produziert Nektar, der auch für Insekten mit kurzen Mundwerkzeugen wie Fliegen erreichbar ist. Deshalb tummeln sich auch häufig viele Fliegen auf der Dolde. Fliegen sitzen gern in Gruppen zusammen an interessanten Futterplätzen. Die schwarze Möhrenblüte könnte ein Imitat eines schon anwesenden Blütenbesuchers sein nach dem Motto „Wo schon jemand ist, gibt es vielleicht noch mehr zu holen". Auf alle Fälle übt die sterile, farblich mit der weißen Dolde kontrastierende Möhrenblüte auf diverse Insekten eine Signal- und Anlockungswirkung aus.

Dolde der Wilden Möhre (*Daucus carota*) mit punktartiger schwarzer Möhrenblüte. (HST)

83 Was ist eine Kesselfallenblume?

Der Begriff Kesselfallenblume beschreibt einen Blumentypus mit einem speziellen Bestäubungsmechanismus, der auf Tricksen, Tarnen und Täuschen beruht. Kesselfallenblumen sind typisch für alle Arten der Gattung *Arum* (Aronstab, Aronstabgewächse) und Aristolochiaceae (Osterluzuleigewächse). Hier bildet die Blütenhülle um die Fortpflanzungsorgane herum eine bauchige, kesselartige Struktur. Beim Aronstab wird diese von einem Hochblatt (Spatha) und bei den Aristolochiaceae von der Blütenhülle (Perigon) gebildet. Zum Zeitpunkt der Blüte wird ein weitreichender, unangenehmer Aasgeruch gebildet, der vor allem Fliegen oder die urinliebenden Schmetterlingsmücken anlockt. Auf der Suche nach Nahrung dringen die Blütenbesucher durch einen röhrigen Schlund in den Kessel ein. Der röhrige Schlund ist dabei dicht mit abwärtsgeneigten Sperrhaaren versehen, die ein Hineingleiten des Insekts

Kesselfallenblumen der Pfeifenwinde (*Aristolochia brasiliensis*);
links: Blüte in der Seitenansicht; rechts: Kesselfalle im Längsschnitt. (VMD)

in den Kessel ermöglichen, aber ein Herausfliegen verhindern. Erst wenn das Insekt den mitgebrachten Pollen an den Narben abgeliefert bzw. es neue Pollenkörner aufgeladen bekommen hat, kollabieren die Sperrhaare in der Schlundröhre und ermöglichen das Verlassen des Kessels. Das mit Pollenkörnern beladene Insekt fliegt dann zur nächsten Blume und liefert die Pollenkörner an der Narbe ab. Dieser hochspezialisierte Bestäubungsmechanismus ist keine Symbiose. Hier profitiert nur eine Seite, nämlich die Pflanze in Form der Bestäubung, während das Insekt nur als Bestäuber ausgenutzt wird.

Kesselfallenblumen des Aronstabs (*Arum maculatum*);
links: Kesselfalle im Längsschnitt; rechts: Blühende Pflanze. (VMD)

84 Was macht der Pilz in der Baum-Pfeifenwinde?

Neben der heimischen Osterluzei (*Aristolochia clematitis*) gibt es noch über 100 weitere Arten von Pfeifenwinden. Sie kommen vor allem in tropischen Gebieten vor. Die Blüten aller Arten sind vom Kesselfallentyp, bei dem die Bestäuber kurzfristig im Blütenkessel gefangen werden, um die Bestäubung zu vollziehen. Allerdings gibt es je nach Art verschiedene spezielle Bestäubungstricks, die zu ganz ungewöhnlichen Blütenformen geführt haben. Ein interessantes Beispiel ist die Baum-Pfeifenwinde (*Aristolochia arborea*) aus Brasilien. Sie ist ein kleiner Regenwaldbaum, der am natürlichen Standort stark bedroht ist. Die Blüten werden am Fuß des Stammes direkt über der Erde gebildet. In der Mitte der rotbraunen Blüte sitzt eine perfekte Imitation eines Hutpilzes mit hellem Stiel. Eine weiße Fläche auf der Blüte täuscht verblüffend gut ein Pilzgeflecht vor. Die Blüten werden wahrscheinlich von Pilzmücken bestäubt, die normalerweise ihre Eier in Pilzen ablegen. Beim Abtasten der Pilzattrappe fallen die Mücken durch eine kleine, enge Öffnung in die Kesselfalle, in der sie bis zum Verwelken der Blüte gefangen bleiben. Dabei stoßen sie an die klebrigen Narben und übertragen den eventuell mitgebrachten Pollen. Die nach der Befruchtung entstandenen Samen werden später von Ameisen verschleppt.

Baum-Pfeifenwinde (*Aristolochia arborea*). (HST)

85 Für wen duften die Engelstrompeten?

Engelstrompeten (*Brugmansia suaveolens*) sind wegen ihres intensiven Duftes bei uns als Kübelpflanzen für die Terrasse hochgeschätzt. An lauen Sommertagen entströmt den bis 30 cm langen trompetenförmigen Blüten von der Dämmerung bis in die Nacht hinein ein süßlich-schwerer Duft, um Bestäuber gezielt auch aus der Ferne anzulocken. Unterstützt wird die Auffindbarkeit der Blüten für nachtaktive Tiere durch ihre weißliche Farbe, durch die sie sich gegen die Dämmerung abheben. In der südamerikanischen Heimat sind die Bestäuber der Engelstrompete Blüten-Fledermäuse und große Nachtfalter (Schwärmer). Nektar- und pollenfressende Fledermäuse gibt es bei uns nicht, alle heimischen Arten gehen auf Insektenfang. Mit etwas Glück kann man beobachten, wie Schwärmer in der Dämmerung die Blüten anfliegen, in die Blüten kriechen und mit ihrem langen Rüssel den Nektar vom Blütengrund aufsaugen.

Ein Windenschwärmer mit langem Rüssel an einer Engelstrompete. (HST)

86 Warum ist die Banane krumm?

Diese Frage kennt wohl jeder und in lustigen Kinderreimen ist die Antwort hierauf: „... weil keiner sie geradegebogen hat". Aus botanischer Sicht ist die Antwort aber viel faszinierender. Die Blüten der Bananenstaude entstehen in riesigen, hängenden Blütenständen. Wildbananen werden von Fledermäusen bestäubt. Im Blütenstand sind die sich entwickelnden jungen Früchte zunächst noch gerade, krümmen sich allerdings mit zunehmender Reife aufwärts, sodass sie die darunter gelegenen jungen, noch nicht bestäubten Blüten, nicht verdecken. Somit liegt also die Ursache für die Einkrümmung der Banane im Bestäubungsmechanismus. Die Tatsache, dass die schweren Früchte nicht der Schwerkraft folgend nach unten wachsen, nennt man negativen Geotropismus.

Blüten- und Fruchtstände der Banane;
links: Die jungen Fruchtknoten sind zunächst gerade und zeigen abwärts;
rechts: Nach der Bestäubung krümmen sich die jungen Früchte aufwärts. (VMD)

87 Gibt es Blumen mit Heizung?

Ja, ein Beispiel aus der heimischen Flora ist der Aronstab (*Arum maculatum*). Sein grünliches Hochblatt (Spatha) umgibt den kolbigen Blütenstand, in dessen unterem Bereich auf zwei Etagen die männlichen bzw. die weiblichen Blüten sitzen. Der sterile obere, bräunliche und verdickte Teil des Kolbens heizt sich während der Blühphase deutlich gegenüber der Umgebungstemperatur bis auf etwa 40 Grad auf. Durch die Wärme kann der für die bestäubenden Schmetterlingsmücken abgegebene harnartige Geruchsstoff schneller als bei niedrigeren Temperaturen abgegeben werden. Ähnliches gilt für die große Verwandte des Aronstabs, die Titanenwurz (*Amorphophallus titanum*). Hier heizt sich der große gelbe Abschnitt des Kolbens ebenfalls auf deutlich über 30 Grad auf. Viele weitere Aronstabgewächse (z. B. auch *Philodendron*) sind ebenfalls zur Thermoregulation ihrer Blumen befähigt. Die Wärme entsteht dabei durch den Abbau der im Kolben gespeicherten Stärke in Kombination mit der Freisetzung von Wärmeenergie. Eine Temperaturerhöhung in ihren Blüten zeigen auch die in den Tropen heimischen *Annona*-Arten. Bekannter Vertreter dieser Gattung ist die als Obst bei uns angebotene Cherimoya (*Annona cherimola*). Ihre derben Blüten bilden zwei Kreise aus meist jeweils drei dickfleischigen Kronblättern, die sich nicht richtig öffnen, sondern die Geschlechtsorgane wie in einer Höhle einschließen. Ein süßlicher Duft nach überreifem Obst lockt die bestäubenden Käfer an. Je nach Art erwärmen sich *Annona*-Blüten in einer oder zwei zeitlichen Phasen. In der Blütenhöhle werden dann Temperaturen um die 34 Grad erreicht, was auch den Blütenduft intensiviert. Die Käfer sind einem Aufenthalt in einer nahrungsreichen, warmen Blütenhöhle nicht abgeneigt.

Blüten von *Annona muricata*. (HST)

88 Auf welche Blumen fahren Bienen ab?

Bienen gehören zu der wichtigsten Bestäubergruppe in unserer heimischen Flora. Bestäuber sind aber nicht nur Honigbienen, sondern viele, oft solitär lebende Wildbienen. Sie können mit ihrem, je nach Art bis etwa 1,5 cm langen Rüssel, in die Blüten eindringen und zum Beispiel in sackförmigen Ausstülpungen der Blüten (Spornen) oder in verengten Kronröhren versteckten Nektar aufsaugen. Bienenblumen müssen einen guten Sitz- und Landeplatz bieten, da Bienen den Nektar nicht im Schwebflug aufnehmen. Gut geeignet sind diverse schalen- und scheibenförmige Blumen (darunter Korbblütler wie Flockenblumen), aber auch Lippen- und Rachenblumen, in die Tiere bis zum nektarreichen Grund hineinkriechen können. Bienenblumen duften süßlich-honigartig. Häufige Blütenfarben sind blau, gelb und weiß, denn Bienen sind rotblind, nehmen aber UV-Licht wahr. Viele Blüten zeigen für uns nicht sichtbare UV-Muster, die für Bienen besonders attraktiv sind und sie zum nektarreichen Blütenzentrum weisen.

Der Gewöhnliche Natternkopf (*Echium vulgare*) ist bei Bienen und Hummeln sehr beliebt. (HST)

89 Warum gibt es in der heimischen Flora kaum knallrote Blüten?

Schaut man sich in unserer heimischen Flora um, fällt auf, dass es kaum Pflanzen mit rot-orange gefärbten Blüten gibt. Rötliche Blüten heimischer Arten enthalten meist Blauanteile und sind eher rosarot bis purpurviolett gefärbt. In den Tropen dagegen haben viele Pflanzen große leuchtend rote Blumen, von denen wir auch einige als Zierpflanzen kennen wie verschiedene Arten von Korallenbäumen (*Erythrina*), Helikonien (*Heliconia*) oder Bromelien. Nektartrinkende Vögel werden von roten Blüten angelockt, weshalb viele vogelbestäubte Pflanzen rot blühen. In Südamerika sind die winzigen Kolibris, die die Blüten im Schwirrflug anfliegen, wichtige Bestäuber. Da es bei uns keine Bestäubung durch Vögel gibt, fehlen entsprechend Arten mit leuchtend roten Blüten. Bienen, die bei uns zu der wichtigsten Bestäubergruppe gehören, sind sogar rotblind, können aber ultraviolette Strahlung wahrnehmen. Die Blüten des Klatsch-Mohns sind zwar leuchtend rot gefärbt, sie reflektieren jedoch UV-Strahlung, die die Bienen wahrnehmen können. Deshalb haben die Blüten für sie einen Farbreiz.

links: Klatsch-Mohn (*Papaver rhoeas*), eine der wenigen heimischen Pflanzen mit leuchtend roten Blüten; rechts: Blütenstand des Fackelingwers (*Etlingera elatior*). (HST)

90 Warum sollte man keine blühenden Ordenssterne ins Wohnzimmer stellen?

Als Ordenssterne werden Arten der Gattung *Stapelia* bezeichnet. Sie gehören den Seidenblumengewächsen (Unterfamilie Asclepioideae) innerhalb der Hundsgiftgewächse (Apocynaceae) an. Sie kommen in Trockengebieten, vor allem im Süden Afrikas, vor. Einige Arten haben einen kaktusähnlichen Habitus und werden als Zierpflanzen kultiviert. Ihre sternförmigen Blüten haben fünf Kelchblätter und fünf Kronblätter, die miteinander verwachsen sind und fünf freie, oft dreieckige Zipfel zeigen. Sie stinken widerlich nach Aas, sodass unkundige Gäste sich möglicherweise vor diesem Gestank ekeln, weil sie etwas anderes als eine Blüte vermuten. Stapelien bilden Aasblumen, die in Form, Farbgebung und Gestank verwesendes Fleisch imitieren. Oft sind die Blüten fleischfarben bis dunkelrot gefärbt mit runzeliger Oberseite und weiße Haare am Rand täuschen Schimmelpilze vor. Von diesem Aussehen werden Aasfliegen angelockt, die ihre Eier in das vermeintliche „Gammelfleisch" legen möchten. Auf der Suche nach einem Eiablageplatz bestäuben sie, gezwungen durch einen Klemmfallenmechanismus ähnlich wie bei den Blüten der Seidenflanzen (s. o.), die Blüte. Die Fliegen werden jedoch von der Blüte getäuscht, denn die Larven können sich nicht vom Blütenblattgewebe ernähren.

Stapelia-Blüten imitieren Aas sowohl von der Blütenzeichnung als auch vom Geruch. (HST)

91 Welchen Blüten kann man wie in einem Zeitrafferfilm bei der Öffnung zuschauen?

Nachtkerzen (*Oenothera*) heißen auf Englisch „Evening primerose", weil sich ihre gelben, primelähnlichen Blüten meist erst nach Sonnenuntergang in der Dämmerung öffnen. Sie locken Nachtfalter an, die mit ihren langen Rüsseln den Nektar aus einer langen engen Kronröhre saugen. Kurz vor der Blütenöffnung umschließen die vier Kronblätter die inneren Blütenorgane. Fast plötzlich „platzt" die Blüte auf und die Kelch- und Kronblätter biegen sich innerhalb von einigen Sekunden bis wenigen Minuten nach außen, auf jeden Fall kann man der Bewegung mit bloßem Auge wie in einem Zeitrafferfilm folgen. Nachtkerzen sind in Europa diejenigen Pflanzen, deren Blüten sich am schnellsten öffnen.

Rotkelchige Nachtkerze (*Oenothera glazioviana*). (HST)

92 Käfer lieben welche Blüten?

Käfer haben kurze beißende Mundwerkzeuge und nehmen deshalb bevorzugt frei zugänglichen Pollen auf. Sie sind eine alte Insektengruppe und gelten im Laufe der Co-Evolution zwischen Pflanzen und Tieren als die früheste Bestäubergruppe. Käferblumen sind meist schalen- bis scheibenförmig, oft mit zahlreichen Staubblättern. Viele von ihnen sind weißlich (z. B. Seerose) oder rotbräunlich (z. B. Gewürzstrauch, *Calycanthus*) gefärbt. Die Blüten verströmen einen fruchtigen bis aasartigen Blütenduft. Typische Käferblumen sind robust (z. B. Magnolien), da die Tiere oft nicht nur den Pollen fressen, sondern auch andere Blütenteile durch Anbeißen beschädigen. Auch die derben Blüten der beliebten tropischen Obstpflanze Cherimoya (*Annona cherimola*) werden von Käfern bestäubt. In der heimischen Flora werden diverse Doldenblütler von Käfern aufgesucht. Aber auch andere Insekten wie Bienen, Hummeln, Fliegen und Schmetterlinge nehmen hier Nahrung bequem zu sich.

Apiaceae-Dolde mit verschiedenen Käfern. (HST)

93 Wie sehen von Vögeln bestäubte Blüten aus?

Neben Insekten sind verschiedene Wirbeltiergruppen wie vor allem Vögel und Fledermäuse, aber auch kleine mausähnliche Säuger und Reptilien Bestäuber verschiedenster Arten. Vogelbestäubung trifft vor allem auf tropische Arten zu. Vogelblumen sind meist relativ groß und bieten den Vögeln reichlich Nektar. Vögel nehmen rötliche und kontrastreiche Färbungen sehr gut wahr, weshalb Vogelblumen meist grellbunt oder rot gefärbt sind. Duft spielt dagegen als Blütenreiz keine Rolle, weshalb Vogelblumen generell duftlos sind. Die Blüten sind oft rachen- bis lippenförmig, in die die Vögel mit ihrem langen spitzen Schnabel oder der langen Zunge bis zum nektarreichen Blütengrund vordringen können. Man unterscheidet Schwirrvogel- und Sitzvogelblumen. Erstere gibt es besonders in der Neuen Welt, sie werden im Schwirrflug vor allem von Kolibris aufgesucht wie zum Beispiel Fuchsien und Schönmalve (*Abutilon*). Sitzvogelblumen werden von Honig- und Nektarvögeln besucht, die sich auf dem Blütenstand oder der Blütenstandsachse niederlassen wie bei der Paradiesvogelblume (*Strelitzia reginae*), der *Aloe* oder diversen Proteusgewächsen. Besonders viele vogelbestäubte Arten gibt es im südafrikanischen Florenreich.

Blütenstand der Paradiesvogelblume (*Strelitzia reginae*) als typisches Beispiel einer Sitzvogelblume. (HST)

94 Welche Blüten werden von Fledermäusen oder Flughunden bestäubt und welche Tiergruppen bestäuben sonst noch?

Feldermausbestäubung kommt in den Tropen recht häufig vor. Fledermausblumen sind oft groß, derb und glockig bis trichterförmig. Häufig sind es Pinselblumen mit zahlreichen Staubblättern, die reichlich Pollen produzieren wie zum Beispiel die Königin der Nacht (*Selenicereus grandiflorus*). Ihre Blüten öffnen sich in der Abenddämmerung und verströmen einen intensiven, oft muffigen Geruch, den die Fledermäuse mögen. Sie fressen Nektar und Pollen.

Im Dunkeln spielen auffällige Farben keine Rolle und Fledermäuse sehen schlecht, die Blüten sind deshalb oft weißlich, grünlich (Beispiel Kalebassenbaum, *Crescentia cujete*) oder braunrot gefärbt.

Außerdem sind die Blüten exponiert, beispielsweise werden sie bei Bäumen unterhalb der Krone am Stamm gebildet, ragen an langen Stielen aus der Krone heraus oder hängen an peitschenartigen Stielen unter der Krone herab (Beispiel Leberwurstbaum, *Kigelia africana*). Dadurch können die Fledermäuse die Blüten mit ihrem Echolot finden.

Auf der Seychellen-Insel Praslin ist zu beobachten, dass die männliche Seychellennusspalme (*Lodoicea maldivica*) u. a. auch von grünen Taggeckos der Gattung *Phelsuma* (*P. sundbergi* und *P. astriata*), von Bronze-Geckos der Gattung *Ailuronyx* (*A. seychellensis*, *A. trachygaster*) sowie von der Nacktschneckenart *Vaginula seychellensis* besucht werden. Diese Tiere können somit auch als Bestäuber der weiblichen Seychellennusspalmen infrage kommen.

Des Weiteren kann auf Madagaskar beobachtet werden, dass der Baum der Reisenden (*Ravenala madagascariensis*) vom Schwarzweißen Vari (*Varecia variegata*), einer Lemurenart (Halbaffe), bestäubt werden kann.

Ein weiteres Beispiel ist der Australische Honigbeutler oder Rüsselbeutler (*Tarsipes rostratus*), der in Südwestaustralien vorkommt. Dieses Beuteltier ist bekannt für seine teils akrobatisch anmutende Nahrungssuche auf *Banksia*- und *Dryandra*-Blütenständen, beides Silberbaumgewächse (Proteaceae), wobei er dann auch die Blüten bestäubt.

Wildbananen, wie hier diese *Musa basjoo*, werden von Fledermäusen bestäubt. (VMD)

95 Können Blüten auch durch Regen bestäubt werden?

Ja, neben der Fremdbestäubung durch Insekten kommt bei der Sumpfdotterblume (*Caltha palustris*) auch Selbstbestäubung durch Regen vor. Die Blüten locken einerseits mit ihren leuchtend gelben Perigonblättern verschiedene Insekten wie Fliegen, Bienen und Käfer als Bestäuber an, denen Pollen aus den vielen Staubblättern sowie Nektar am Grund der Fruchtblätter als Nahrung angeboten wird. Im Gegensatz zu vielen anderen Blüten schließen sich diejenigen der Sumpfdotterblume bei schlechtem, regnerischem Wetter nicht. In den schalenförmigen Blüten kann sich Regenwasser bis zu einem Niveau sammeln, auf dem sich Narben und Staubblätter befinden. Der Pollen ist wasserunempfindlich, löst sich aus den Pollensäcken und driftet über die Wasseroberfläche zu den Narben, sodass es zur Selbstbestäubung kommen kann.

Sumpfdotterblume (*Caltha palustris*). (HST)

96 Was ist der Unterschied zwischen Bestäubung und Befruchtung?

Umgangssprachlich werden die Begriffe Bestäubung und Befruchtung oft gleichgesetzt. Dies vermittelt den fälschlichen Eindruck, dass es sich um den gleichen Prozess handelt. Jedoch beschreibt der Begriff Bestäubung die Übertragung der Pollenkörner auf eine empfängliche Struktur. Dies kann der Bestäubungstropfen bei Nacktsamern oder die Narbe bei Bedecktsamern sein. Die Befruchtung ist dagegen die Verschmelzung eines männlichen Zellkerns aus dem Pollenkorn mit dem Zellkern der Eizelle in der Samenanlage. Dadurch entsteht eine Zelle mit doppeltem Chromosomensatz (Zygote). Aus dieser entwickelt sich dann nachfolgend der Embryo im Samen.

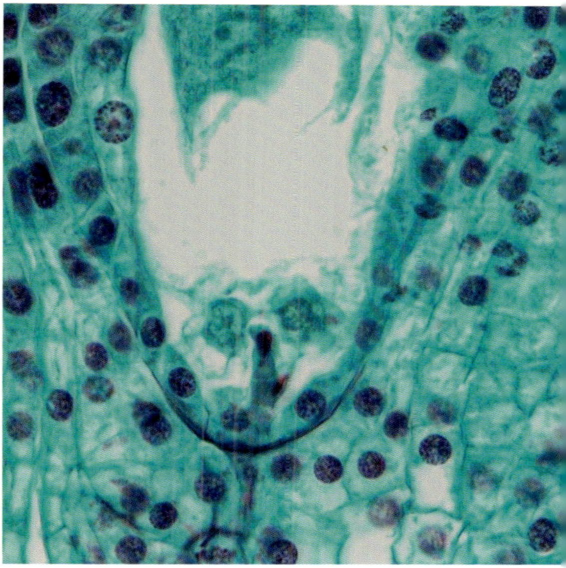

Bestäubung (links) und Befruchtung (rechts); links: Hainbuche (*Carpinus betulus*), Narben mit zahlreichen eingefangenen Pollenkörnern; rechts: Madonnen-Lilie (*Lilium candidum*), Verschmelzung von Eizelle und Spermakern. (VMD)

97 Was versteht man unter Pollenschlauchbefruchtung?

Unter den heutigen Landpflanzen gibt es zwei Befruchtungsformen. Die Befruchtung kann einerseits über freie, bewegliche männliche Keimzellen (Spermatozoiden) erfolgen. Dabei können die Spermatozoide mittels Geißelbewegungen aktiv zur Eizelle „schwimmen", um mit ihr zu verschmelzen. Eine derartige Spermatozoidbefruchtung findet sich bei allen Moosen, Farnen und Farnverwandten sowie bei Nacktsamern wie den Palmfarnen und bei *Ginkgo*. Bei den übrigen Landpflanzen erfolgt die Befruchtung mithilfe eines Pollenschlauchs. Hierbei keimt das Pollenkorn auf der Narbe mit einem langen Schlauch (Pollenschlauch) aus, der in Richtung Eizelle in den Samenanlagen zuwächst. Dort wird der unbegeißelte Spermakern entlassen, der mit der Eizelle verschmilzt. Unter den heutigen Landpflanzen ist aus evolutionsbotanischer Sicht daher die Spermatozoidbefruchtung die ursprüngliche Form.

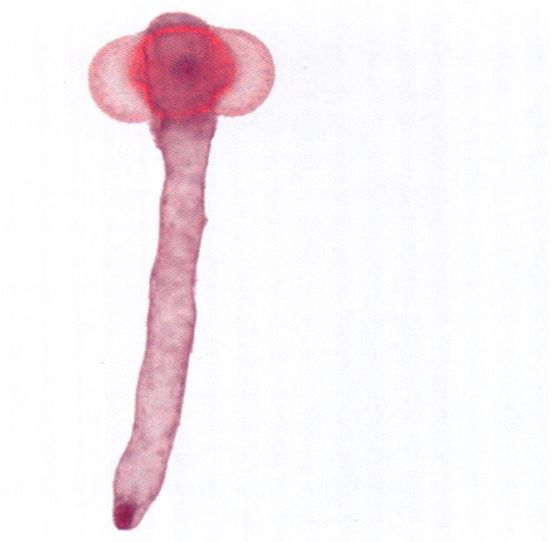

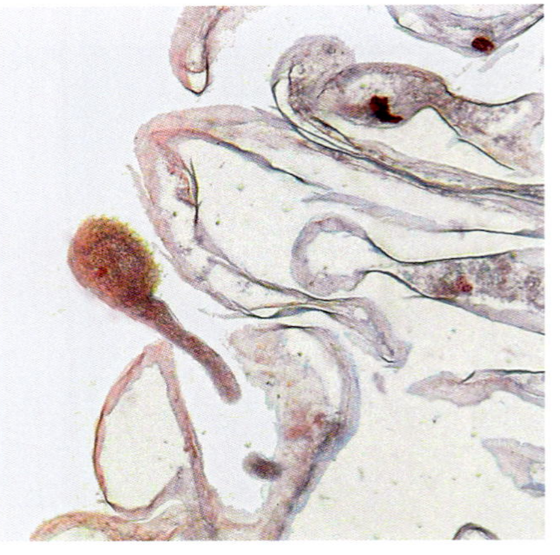

Pollenschlauchbefruchtung; links: Wald-Kiefer (*Pinus sylvestris*), auskeimendes Pollenkorn mit einem langen Pollenschlauch: rechts: Madonnen-Lilie (*Lilium candidum*), auf der Narbe auskeimendes Pollenkorn. (VMD)

98 Was sind Vormännlichkeit und Vorweiblichkeit?

Die Tendenz zur Selbstbestbestäubung in einer Zwitterblüte ist relativ hoch, vor allem dann, wenn männliche Staubblätter und weibliche Fruchtblätter zeitgleich heranreifen und aufblühen. Am einfachsten wird eine Selbstbestäubung verhindert, indem die verschiedenen Geschlechtsorgane zeitversetzt heranreifen (Dichogamie). Bei der Vormännlichkeit (Proterandrie) wird der Pollen freigesetzt, bevor die Narben für Pollenkörner empfängnisbereit sind. Dies kommt bei allen Arten der Korbblütler (Asteraceae) und Glockenblumengewächse (Campanulaceae) vor. Bei der Vorweiblichkeit (Proterogynie) dagegen sind die Narben belegungsfähig, lange bevor der eigene Pollen freigesetzt wird, wie dies beispielsweise für Magnolien zutrifft.

Vorweiblichkeit beim Silber-Ahorn (*Acer saccharinum*); erst wenn die Narben mit Pollenkörnern belegt sind, entwickeln sich die Staubblätter. (VMD)

99 Wie können sterile Blüten den Bestäubungserfolg erhöhen?

Bei zahlreichen Arten gibt es in den Blütenständen unterschiedliche Blütentypen (Blütendimorphismus) mit fertilen (fruchtbaren) und sterilen (unfruchtbaren) Blüten. Dies ist zum Beispiel beim heimischen Wasser-Schneeball (*Viburnum opulus*) und auch bei zahlreichen Hortensien-Arten der Fall. Hier sind die Blüten im Zentrum des Blütenstandes fruchtbar und für die Samenproduktion zuständig. Sie haben nur eine geringe Schauwirkung. Dagegen sind die Randblüten steril und auffällig. Sie dienen der Anlockung von Bestäubern und bilden somit den Schauapparat des Blütenstandes. In der Pflanzenzucht spielen bei der Selektion neuer Sorten besonders die sterilen Randblüten eine entscheidende Rolle. So entwickeln sich zum Beispiel in den Blütenständen der Sorte 'Roseum' des Wasser-Schneeballs ausschließlich die auffälligen weißen Randblüten. Solche Selektionen sind zwar für unser Auge schön, für blütenbesuchende Insekten aber uninteressant.

Die sterilen Randblüten des Wasser-Schneeballs (*Viburnum opulus*) verstärken den Schauapparat des Blütenstands. (VMD)

100 Wozu dient eine Geschlechtssäule?

Bei einem Großteil der Pflanzen stehen die männlichen (Staubblätter) und weiblichen (Fruchtblätter) Fortpflanzungsorgane in eigenständigen Kreisen. Es gibt aber auch einige Pflanzen, bei denen sie auf einer gemeinsamen zentralen Säule (Geschlechtssäule) gebildet werden. Da hier das Androeceum (Gesamtheit aller Staubblätter einer Blüte) und das Gynoeceum (Gesamtheit aller Fruchtblätter einer Blüte) an einem gemeinsamen, säulenartigen Träger stehen, wird dieser auch als „Androgynophor" bezeichnet. Diese Geschlechtssäulen sind zum Beispiel für alle Arten aus den Malvengewächsen (Malvaceae) und Passionsblumengewächsen (Passifloraceae) typisch. Hier endet die Geschlechtssäule mit Griffel und Narben, während an ihrer Basis die Staubfäden mit den Pollensäcken ansetzen. Die Ausbildung eines Androgynophors steht in Verbindung mit speziellen Bestäubungsmechanismen. Dadurch, dass hier männliche und weibliche Strukturen nacheinander aufblühen und zudem räumlich voneinander getrennt sind, wird eine Selbstbestäubung verhindert.

Geschlechtssäulen bei der Passionsblume (links), der Malve (mittig) und beim Hibiskus (rechts). (VMD)

101 Wozu dient eine Griffelbürste?

Die Griffelbürste spielt im Bestäubungsprozess der vormännlichen Blüten der Korbblütler (Asteraceae) und Glockenblumengewächse (Campanulaceae) eine wichtige Rolle. Die Pollensäcke der Korbblütler sind zu einer festen Staubblattröhre verwachsen, bei den sehr nahe verwandten Glockenblumengewächsen nur dicht zusammengepresst, aber nicht verwachsen. Beim Aufblühen wird der Pollen nach innen in diese Staubblattröhre abgegeben und dort von den Fegehaaren des Griffels, der durch die Staubblattröhre hindurch wächst, aufgenommen. Der Pollen wird durch den flaschenbürstenartigen Griffel dabei förmlich aus der Staubblattröhre aus der Blüte hinausgefegt und dann zwischen den Fegehaaren den Bestäubern präsentiert. Erst nachdem der eigene Pollen aus der Blüte hinausgetragen wurde, geht die Blüte in die weibliche Phase über. Eine Selbstbestäubung wird dadurch effektiv verhindert.

Von links oben nach rechts unten: Sekundäre Pollenpräsentation bei der Sonnenblume (*Helianthus annuus*). (VMD)

102 Welche Blüten halten Hochzeit im Verborgenen?

Im Normalfall öffnen sich Blüten, um dann üblicherweise mit dem Pollen eines anderen Individuums bestäubt zu werden. Bei einigen Arten führt aber auch Selbstbestäubung zu einer erfolgreichen Befruchtung mit Samenbildung. Anders ist es bei den kleistogamen Arten. Der Begriff leitet sich von den griechischen Vokabeln kleistos = geschlossen und gamos = Hochzeit ab. Kleistogame Pflanzen wie Veilchen (*Viola*) oder Wald-Sauerklee (*Oxalis acetosella*) bilden neben sich öffnenden Blüten auch solche, die sich niemals öffnen, eine veränderte Gestalt haben und unscheinbar knospenähnlich aussehen. In ihnen erfolgt obligat eine Selbstbestäubung mit anschließender Selbstbefruchtung. Kleistogame Blüten treten bei Veilchen und Sauerklee vor allem später im Jahr auf, wenn im dunklen, belaubten Wald nur noch wenige Bestäuber unterwegs sind. Die Bildung kleistogamer Blüten kann u. a. durch Temperatur oder Lichtintensität gesteuert werden. Kleistogamie kann fakultativ aber auch als „Notreaktion" bei verschiedenen Arten auftreten, wenn die Bedingungen keine ordentliche Blütenentwicklung und Bestäubung zulassen wie beispielsweise bei Überschwemmungen, Kälte- oder Trockenphasen. Prinzipiell sind in diesem Fall die Geschlechtsorgane aber unverändert.

Das Duft-Veilchen (*Viola odorata*) bildet nicht immer solche attraktiven Blüten, die kleistogamen Blüten sind deutlich unscheinbarer und knospenähnlich. (HST)

Einflüsse von Standort und Umwelt auf Blüten

103 Was versteht man unter Phänologie?

Die Phänologie ist ein Wissenschaftszweig, der sich mit der Erfassung und Analyse von jahreszeitlich immer wiederkehrenden Entwicklungszyklen in der Natur beschäftigt. Ein wichtiger Aspekt ist hier das Erfassen unterschiedlicher Entwicklungsphasen von Stauden und Gehölzen, wie zum Beispiel der Hasel (*Corylus avellana*), des Buschwindröschens (*Anemone nemorosa*) oder der Rosskastanie (*Aesculus hippocastanum*).

Wichtige zu erfassende Parameter sind zum Beispiel der Laubaustrieb und die Blattentfaltung im Frühjahr, das Erscheinen der Blüten, die Fruchtreife sowie der Beginn der Laubverfärbung und des Laubabwurfs im Herbst. Diese Merkmale sind allesamt stark vom jahreszeitlichen Witterungsverlauf beeinflusst. Bei über die Jahre hinweg konstanten Bedingungen sollten diese Entwicklungsphasen mehr oder weniger zum gleichen Zeitpunkt erfolgen. Klimatische Veränderungen führen daher zwangsläufig zu einer Verschiebung der Entwicklungsprozesse. Das immer frühere Aufblühen und Austreiben von Gehölzen ist dabei ein klarer Hinweis für ein sich fortlaufend erwärmendes Klima. In der Phänologie sind daher Einzelbeobachtungen kaum von Bedeutung. Für zuverlässige Tendenzanalysen sind Langzeitbeobachtungen über viele Jahre hinweg zwingend erforderlich. Bei uns in Mitteleuropa gilt der Zeitpunkt des Aufblühens des Schwarzen Holunders (*Sambucus nigra*) als Beginn des Frühsommers.

104 Was wird durch die Blüte der Hasel angekündigt?

Die Hasel (*Corylus avellana*) gehört bei uns neben den Erlen (*Alnus*) zu den typischen Winterblühern. Die männlichen Kätzchen werden bereits im Vorjahr zunächst als sehr kompakte Strukturen angelegt. Erst wenn sie aufgeblüht sind, fallen sie richtig auf. Es handelt es sich um lange, hängende gelbe Kätzchen. Zum Zeitpunkt des Aufblühens (Öffnen der Pollensäcke) streckt sich die Blütenstandsachse stark und das zuvor kompakte Kätzchen kann dadurch ein Vielfaches an Länge erreichen. Die weiblichen Blüten verbleiben in der Knospenlage und nur die roten Narben ragen aus der Knospe heraus. Der Zeitpunkt des Aufblühens der Haselkätzchen wird bei uns als Beginn des phänologischen Frühlings bezeichnet. Das Erscheinen der lockeren gelben Kätzchen ist ein wichtiger Bioindikator für sich verändernde Klimabedingungen. In den vergangenen Jahren mit milden Wintern sind sie immer früher im Jahr erschienen.

Blühende männliche Kätzchen der Hasel (*Corylus avellana*). (VMD)

105 Welcher Zusammenhang besteht zwischen Tageslänge und Blütenbildung?

Licht spielt im Leben einer Pflanze eine zentrale Rolle, und zwar nicht nur für die Samenkeimung und die Ernährung (Fotosynthese). Auch die Ausbildung von Blüten ist bei vielen Arten maßgeblich durch die Tages- bzw. Nachtlänge beeinflusst. Der tageszeitliche Wechsel zwischen Licht- und Dunkelphasen verschiebt sich über den Jahresverlauf deutlich gegeneinander. Im Winter überwiegt die Dunkelphase, im Sommer die Lichtphase. Für die Blütenbildung bei tagneutralen Pflanzen wie dem Acker-Hellerkraut (*Thlaspi arvense*) spielt diese Fotoperiodik keine große Rolle. Anders hingegen für Lang- und Kurztagspflanzen. Hier übt dieser jahreszeitliche Belichtungswechsel einen immensen Einfluss auf die Blüteninduktion aus. Bei Langtagspflanzen erfolgt die Blüteninduktion erst dann, wenn die Lichtphase deutlich die Dunkelphase überwiegt. Bei Kurztagspflanzen muss die Dunkelphase deutlich länger sein als die Lichtphase. Dabei variiert die kritische Tages- bzw. Nachtlänge, die die Blütenbildung induziert, artspezifisch stark. Typische Langtagspflanzen sind beispielsweise zahlreiche unserer Getreidearten, wie aber auch der Kopfsalat oder die Zuckerrübe. Aufgrund der während des gesamten Jahres langen Nächte in den Tropen sind besonders dort zahlreiche Kurztagspflanzen zu finden. Typische Kurztagspflanzen aus den Tropen, die wir als Zimmerpflanzen kultivieren, sind zum Beispiel der Weihnachtsstern (*Euphorbia pulcherrima*) und der Geldbaum (*Crassula ovata*). Bei diesen Pflanzen löst nicht die eigentliche Tageslänge, sondern vielmehr die dunkle Nachtphase die Blütenbildung aus. Viele der Kurztagsarten reagieren bereits auf kurzzeitiges Störlicht während der eigentlichen Dunkelphase so sensibel, dass die Blütenbildung unterbleibt. Bei den Langtagspflanzen dagegen reicht kurzzeitiges Störlicht während der Dunkelphase aus, um die Blütenbildung auszulösen. Dies macht man sich in der Zierpflanzenproduktion zu Nutze und kann so durch gezieltes Abdunkeln bzw. Belichten termingerecht blühende Pflanzen auf den Markt bringen, wie dies auch für den Weihnachtsstern gemacht wird, der durch künstliches Abdunkeln bereits im Spätsommer frühzeitig künstlichen Kurztagsbedingungen ausgesetzt wird. Somit ist gewährleistet, dass die Weihnachtssterne bereits zu Beginn der Adventszeit in voller Blüte stehen.

106 Gibt es Krokusse, die im Herbst blühen?

Ja, je nach Art blühen Krokusse im Frühling oder Herbst und überdauern mit ihren Knollen ungünstige Jahreszeiten. Verbessern sich die Wachstumsbedingungen jahreszeitenabhängig, treiben sie aus ihren Knollen Blüten aus. In Gebirgen wie den Alpen erscheinen die Blüten, wenn der Schnee schmilzt. Vom Mittelmeerraum bis nach Asien gibt es Krokusse, die den trockenen Sommer abwarten, bis im Herbst die niederschlagsreiche Jahreszeit beginnt. Ein solcher Herbst-Krokus ist der u. a. in der Türkei heimische Prächtige Herbst-Krokus (*Crocus speciosus*), der auch bei uns gelegentlich in Gärten als Zierpflanze verwendet wird. Etwa im Oktober erscheinen seine violett geaderten Blüten mit den langen Griffelästen. Ähnlich sieht der Safran-Krokus (*Crocus sativus*) aus, der ebenfalls im Herbst blüht und Grundlage für das Safran-Gewürz ist. Herbst-Krokusse kann man manchmal mit hoch giftigen Herbstzeitlosen (*Colchicum*) verwechseln, man kann sie aber gut daran unterscheiden, dass Krokusse nur drei Staubblätter, Herbstzeitlosen dagegen sechs haben.

Herbst-Krokus (*Crocus speciosus*). (HST)

107 Warum gleicht im Frühjahr der Boden unserer Buchenwälder vielerorts einem Blütenmeer?

Vor allem in Buchenwäldern ist der Waldboden im Frühling oft von unzähligen Blüten, häufig einer einzigen dominierenden Art, überzogen. Sind die Blüten weiß, wie beispielsweise beim Buschwindröschen (*Anemone nemorosa*) oder Bärlauch (*Allium ursinum*), entsteht der Eindruck, als hätte es geschneit. Diese und andere Arten wie Lerchensporn (*Corydalis*) oder Märzenbecher (*Leucojum vernum*) blühen dann, wenn die Bäume noch unbelaubt sind und daher noch Licht auf den Waldboden trifft. Später kann es so schattig werden, dass nur noch 1 % des Sonnenlichtes am Boden ankommt. Buschwindröschen, Bärlauch & Co. sind Erdpflanzen (Geophyten), die in ihren unterirdischen Überdauerungsorganen wie Knollen, Zwiebeln oder Wurzelstöcken Nährstoffe speichern. Wenn es die Temperatur zulässt, blühen sie ganz schnell, entfalten ihre Blätter, betreiben Fotosynthese und speichern erneut Nährstoffe, fruchten und ziehen sich bis zum nächsten Jahr zurück. Wenn es im Buchenwald zu dunkel wird, ist ihr Lebenszyklus abgeschlossen. Die Geophyten müssen sich mit ihrem Wachstum ziemlich beeilen, deshalb entfalten sich alle Blüten einer Population so schnell wie möglich und etwa zeitgleich. Die meisten heimischen Frühjahrsgeophyten sind auch beliebte Zierpflanzen, die im Garten gut unter Bäumen oder am Rand von Hecken gedeihen.

Der Waldboden ist von Bärlauch (*Allium ursinum*) weiß überzogen. (HST)

108 Warum blüht die Zaubernuss ausgerechnet im Winter?

Als attraktive Winterblüher werden bei uns vor allem die Chinesische (*Hamamelis mollis*) und die Japanische Zaubernuss (*H. japonica*) sowie eine Hybride aus beiden gepflanzt. Hierzulande sowie in der natürlichen Heimat wechseln sich während der Blütezeit der Zaubernuss regelmäßig winterliche und wärmere Witterungsphasen ab. An milden Tagen sind durchaus einzelne Insekten unterwegs, bei uns meist Hummeln, Honigbienen oder Schwebfliegen. Winterblüher nutzen aus, dass sie nicht mit vielen anderen konkurrierenden Arten um die Bestäuber „buhlen" müssen. Um die wenigen aktiven Insekten auch aus großer Entfernung effektiv anzulocken, wirbt die Zaubernuss mit einer leuchtend gelben Blütenfarbe und einem schweren honigartigen Duft. Die Blüten halten sich über mehrere Wochen. Bei stärkerem Frost hängen die fadenförmigen gelben Blütenblätter zum Schutz nach unten und sind dabei auch etwas zusammengerollt.

Bei Kälte sind die Blütenblätter der Zaubernuss (*Hamamelis mollis*) zusammengerollt. (HST)

109 Wie tickt eine Blumenuhr?

Die Blüten vieler Arten haben ihren speziellen Biorhythmus und öffnen sich nur zu bestimmten Tageszeiten: Von Nachtfaltern bestäubte Blüten oft erst nach Sonnenuntergang in der Dämmerung, von Bienen bestäubte Blüten nicht selten schon früh am Morgen. Die Blüten der Wegwarte (*Cichorium intybus*) gehören zu den ersten des Tages, der Wiesen-Bocksbart (*Tragopogon pratensis*) öffnet seine gelben Blütenköpfe ebenfalls kurz nach Sonnenaufgang und schließt sie bereits am Mittag, weshalb er im Englischen „Jack-go-to-bed-at-noon" heißt. Die roten Blüten des Acker-Gauchheils (*Anagallis arvensis*) sind vor allem über Mittag geöffnet. Durch die unterschiedlichen Öffnungszeiten der „Blumenbar" ist über den ganzen Tag ein Nahrungsangebot für oft auf bestimmte Flugzeiten und Nahrungspflanzen spezialisierte Bestäuber vorhanden. Sicherlich können die Öffnungszeiten der Blüten keine ganz exakte Uhrzeit wiedergeben, denn sie ist abhängig vom Sonnenstand, der sich je nach Jahreszeit ändert und von der geografischen Breite des Wuchsortes abhängt. Und bei trübem Wetter sind beispielsweise Blüten, die eigentlich nur nachts geöffnet sind, oft noch am Vormittag offen. Der Botaniker CARL V. LINNÉ wusste von den regelmäßigen Öffnungszeiten der Blüten und legte 1745 im Botanischen Garten von Uppsala eine Blumenuhr an. Das kreisförmige Beet (das Zifferblatt) wurde in 12 Segmente für jeweils

Die Wegwarte (*Cichorium intybus*) ist unter den Blumen eine Frühaufsteherin. (HST)

eine Stunde geteilt. Jedes davon wurde mit denjenigen Blumen bepflanzt, die sich zur entsprechenden Uhrzeit öffnen. In Mitteleuropa gehen an einem durchschnittlichen sonnigen Sommertag beispielsweise die Blüten des Enzians um 7 Uhr, der Mittagsblume gegen 11 Uhr und der Nachtkerze etwa um 20 Uhr auf. Die Blüten der Ringelblume schließen sich ungefähr um 14 Uhr, die des Wald-Sauerklees gegen 16 Uhr und die der Nachtkerze um 6 Uhr früh.

110 Warum blühen manchmal die Rosskastanien im Herbst noch einmal?

Oft treiben im September und Oktober Rosskastanien (*Aesculus hippocastanum*) frische Blüten und Blätter aus, während gleichzeitig die Früchte reifen. Kastanien leiden während des Sommers unter Stress, oft sind die Blätter bereits im August braun. Zum einen fressen die Larven der Kastanien-Miniermotten (*Cameraria ohridella*) das innere Blattgewebe, sodass die Blätter schon im Spätsommer welken. Zum anderen leiden Kastanien an Straßenrändern unter der starken Versiegelung der Oberfläche, geringer Wasserzufuhr sowie einer hohen Abgasbelastung und Wärmerückstrahlung. Die volle Jahres-Fotosyntheseleistung kann bei frühem Absterben der Blätter nicht erfüllt werden. Durch die Entfaltung der bereits für das kommende Jahr angelegten Knospen mit neuen fotosynthetisch aktiven Blättern (und auch Blüten) versucht der Baum, dieses Defizit auszugleichen. Gefördert werden diese Nottriebe vor allem dann, wenn es nach einem trocken-heißen Sommer im Herbst regnerisch wird. Temperatur- und Lichtverhältnisse gleichen denen im Frühling, derjenigen Zeit, in der die Kastanien normalerweise austreiben. Die Triebe haben gegen Ende der Vegetationsperiode allerdings nicht mehr die Gelegenheit, richtig auszuhärten, sodass sie im folgenden Winter absterben.

Gleichzeitig blühender und fruchtender Rosskastanienzweig im Oktober. (HST)

111 Warum werden Apfelbäume bei Spätfrösten mit Wasser besprüht?

Auch im Frühling, wenn sich bereits viele Knospen geöffnet haben, kommt es immer mal wieder zu empfindlichen Nachtfrösten. Geöffnete Apfelblüten erfrieren, wenn die Temperatur unter 0 °C fällt und die Obstbauern bangen um ihre Ernte. Eine Möglichkeit, Apfelblüten vor dem Erfrieren zu schützen, ist die Frostberegnung, also ein gezieltes Besprühen der kompletten Bäume mit feinen Wassertröpfchen. Durch den Übergang des flüssigen Wassers in den festen Aggregatzustand des Eises bei Minustemperaturen wird Kristallisationswärme frei. Wichtig dabei ist, dass die Besprühung während des Frostes kontinuierlich erfolgt. Dann bleibt die Temperatur im Eispanzer um die Blüten bei etwa 0 °C, sodass die Blüten eine kalte Frostnacht gut überstehen. In den kleinen gefrierenden Wassertropfen sind außerdem Luftbläschen eingeschlossen, die zusätzlich für eine Wärmedämmung sorgen.

Blüten des Kultur-Apfels (*Malus domestica*). (VMD)

112 Warum haben Alpenblumen oft so intensiv gefärbte Blüten?

Viele Alpenblumen haben auffällig farbintensive Blüten, oft in Farbtönen von magentarot bis blauviolett (z. B. diverse Polsterprimeln, Enziane, Nelken). Werden diese Gewächse ins Flachland umgepflanzt, fallen die Blütenfarben oft deutlich blasser aus. Die für diese Blütenfarben verantwortlichen Farbstoffe (Anthocyane) reflektieren auch UV-Strahlung und sind eine Art Sonnenschutz für das empfindliche Blütengewebe. In hohen Gebirgslagen werden zum Schutz vor der intensiven Sonnenstrahlung vermehrt Anthocyane in der Blüte eingelagert, die Blüten erscheinen dann besonders farbenprächtig.

Die Behaarte Alpenrose (*Rhododendron hirsutum*) hat intensiv purpurrote Blüten. (HST)

113 Wozu ist das Edelweiß so silbrig-weiß?

Vorab etwas zu Licht und Farbe. Sichtbares Licht besteht aus elektromagnetischen Wellen unterschiedlicher Wellenlängen, von denen abhängt, in welcher Farbe wir das für uns sichtbare Licht empfinden. Weißes Licht ist eine Mischung aus einer Vielzahl von Einzelfarben. Fällt Licht auf nicht durchsichtige Gegenstände, wird ein Teil des Lichtes absorbiert („geschluckt"). Ein Teil der nicht absorbierten Lichtstrahlung kann den Gegenstand durchdringen oder wird reflektiert. Die „nicht geschluckten" Strahlungsanteile bestimmen, in welcher Farbe wir das Objekt wahrnehmen. Die sternförmigen Blütenstände des ursprünglich aus dem Himalaya stammenden und in den Alpen verbreiteten Edelweiß (*Leontopodium nivale*) sind von einem dichten Pelz toter, luftgefüllter Haare überzogen, an denen die auftreffende Strahlung komplett reflektiert wird (Totalreflexion), sodass in der Summe der Eindruck „Weiß" entsteht. Ein ähnliches Phänomen gibt es bei weißem Schnee. Die Farbe wird bei Edelweiß und Schnee also nicht durch Pigmente verursacht, sondern nur physikalisch dadurch, dass kein Anteil des Lichtes absorbiert wird. An den Haaren des Edelweißes wird außerdem UV-Strahlung reflektiert. Dadurch werden die Pflanzen an ihren alpinen Wuchsorten gut vor dem in der Höhe intensiven und für Gewebe schädlichen Sonnenlicht, insbesondere UV-Strahlung, geschützt. Der weiße Haarfilz, der außer den Blüten auch die kleinen Blätter überzieht, isoliert gut und schützt die Pflanze zudem wie ein Pelzmantel vor niedrigen Temperaturen, die selbst im Sommer im Hochgebirge auftreten können.

Behaarte Köpfchen des Edelweiß (*Leontopodium nivale*). (HST)

114 Können Blüten das Wetter anzeigen?

Manche Pflanzen reagieren auf bestimmte Witterungsverhältnisse. Eine davon ist die in den Alpen weit verbreitete Silberdistel (*Carlina aucaulis*). Ihr körbchenförmiger Blütenstand enthält im Inneren mehrere hundert kurze gelbliche Röhrenblüten, die kranzförmig von vielen silbrig glänzenden Hüllblättern umgeben werden. Zur Blütezeit sind sie bereits abgestorben und imitieren Blütenblätter einer großen Einzelblüte. Auch im abgestorbenen Zustand können sie durch Quellung Wasser aufnehmen und sich dabei biegen. Bei hoher Luftfeuchtigkeit und erst recht bei Regen krümmen sich die Hüllblätter nach innen und umschließen schützend das Blütenkörbchen. Trocknen die Hüllblätter, öffnen sie sich wieder, weshalb die Silberdistel auch Wetterdistel genannt wird. Wenn sie sich bei hoher Luftfeuchtigkeit schließt, steht oft Regen bevor.

Silberdistel (*Carlina aucaulis*) bei schönem Wetter mit geöffnetem Blütenköpfchen. (HST)

Früchte

115 Was ist eine Frucht?

In der klassischen Botanik wurde ausschließlich das, was sich aus den Fruchtblättern zur Samenreife entwickelt, als Frucht definiert. Das klingt zunächst plausibel, da diese Definition für die Früchte der meisten Arten zutrifft. Allerdings ist diese Definition etwas problematisch, da sich nicht nur die Fruchtblätter mit zunehmender Samenreife in Größe, Form und Konsistenz verändern. Teilweise trifft das auch auf andere Blütenbestandteile zu. So können an der Fruchtbildung neben den Fruchtblättern auch andere Blütenstrukturen beteiligt sein wie der Blütenboden bei Erdbeere und Apfel. Solche Früchte wurden früher unter der schwammigen Bezeichnung „Scheinfrüchte" zusammengefasst. Wird die Frucht hingegen als „die Blüte zum Zeitpunkt der Samenreife" definiert, schließt dies nun auch alle übrigen Blütenbestandteile mit ein und das Problem der Scheinfrüchte kann umgangen werden.

Blüte (links) und Frucht (rechts) der Wald-Erdbeere (*Fragaria vesca*). (VMD)

116 Wie können Früchte eingeteilt werden?

Eine Einteilung der verschiedenen Fruchtformen kann unter morphologischen oder funktionellen Gesichtspunkten erfolgen. Bei der morphologischen Einteilung wird nach Anzahl und Verwachsung der beteiligten Fruchtblätter unterteilt. In der funktionellen Einteilung erfolgt die Einteilung danach, ob die Samen bei der Reife entlassen werden (Öffnungsfrüchte), oder ob die Samen auch zur Reife von der Fruchtwand (Perikarp) umschlossen bleiben (Schließfrüchte). Zu den Öffnungsfrüchten zählen zum Beispiel Balg-, Hülsen- und Kapselfrüchte, zu den Schließfrüchten Beeren-, Stein- und Nussfrüchte. Die Einteilung nach Ausgestaltung der Fruchtwand in Trocken- (Fruchtwand trocken) und Saftfrüchte (Fruchtwand fleischig) wird nicht so häufig angewandt. Sie ist aber bei der Unterscheidung von Nuss, Steinfrucht und Beere bedeutsam.

117 Reifen Früchte immer nur als Einzelfrüchte heran?

Besonders bei Früchten mit freien (apokarpen) Fruchtblättern kommen auch übergeordnete Strukturen vor, die eine höhere Attraktivität der reifen Früchte für Tiere bewirken. So schwillt zum Beispiel bei vielen Rosengewächsen mit zunehmender Samenreife das Achsengewebe des Blütenbodens an, sodass viele Früchtchen miteinander eine Einheit bilden. Bei der Erdbeere sitzen dadurch viele kleine Nüsschen (die „Kerne“) außen auf der fruchtartig angeschwollenen roten Achse. Innerhalb von Blüten und Blütenständen kann es aber auch zu sehr komplexen Verwachsungen von Fruchtblättern und anderen Organen kommen und manchmal bilden Blütenstände sogar einen übergeordneten Fruchtverband wie beispielsweise bei der Ananas (*Ananas comosus*, Bromeliaceae). Zusätzlich zu den eigentlichen Beerenfrüchten verschmelzen hier noch die Tragblätter der Einzelblüten sowie die gesamte Blütenstandsachse miteinander, werden fleischig und bilden eine Überbeere.

118 Sind Fruchtgröße und -form in einem Fruchtstand immer gleich?

Beim Großteil der Arten sind die Früchte in der Regel mehr oder weniger in Größe, Form und Funktion gleichartig. Bei wenigen Arten sind jedoch die Früchte in einem Fruchtstand unterschiedlich geformt (Heterokarpie) wie diejenigen der Ringelblume (*Calendula officinalis*), einem Korbblütler (Asteraceae). Hier sind die äußeren Früchte im köpfchenartigen Fruchtstand größer und mit Stacheln versehen, sodass sie eine Klettfunktion ausüben. Die inneren dagegen sind deutlich kleiner, stärker gekrümmt und kaum noch stachelig.

Heterokarpie bei der Ringelblume (*Calendula officinalis*);
links: Fruchtstand; rechts: verschiedenartig gestaltete Früchte. (VMD)

119 Wie unterscheiden sich Spalt- und Bruchfrüchte?

Bei beiden Fruchtformen handelt es sich um Früchte, die zum Zeitpunkt der Reife in Teilfrüchte zerfallen. Bei den Spaltfrüchten zerfällt die reife Frucht entlang der Verwachsungsnähte der einzelnen Fruchtblätter, Beispiele sind die Früchte von Ahorn oder Kümmel, die in zwei Teile zerbrechen. Bruchfrüchte dagegen zerfallen ungeachtet der Grenzen der Fruchtblätter in Teilfrüchte. Zu den Bruchfrüchten gehören zum Beispiel die Fruchtformen der Gliederschote (z. B. Rettich), Gliederhülse (z. B. Hufeisenklee) und Rahmenhülse (z. B. Mimose).

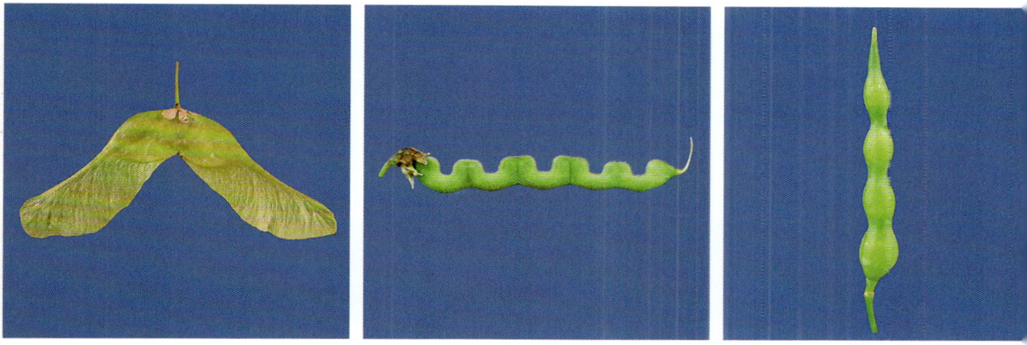

Spalt- und Bruchfrüchte; links: Spaltfrucht des Spitz-Ahorns; mittig: Bruchfrucht des Hufeisenklees (Gliederhülse); rechts: Bruchfrucht (Gliederschote) des Rettichs. (VMD)

120 Was ist eine Klausenfrucht?

Die Klausenfrucht ist typisch für die Lippenblütler (Lamiaceae) wie der Taubnessel und für die Raublattgewächse (Boraginaceae) wie der Beinwell. Hier zerfällt die Frucht zum Zeitpunkt der Samenreife in vier einsamige Teilfrüchte (Klausen). Der oberständige Fruchtknoten baut sich aus zwei verwachsenen Fruchtblättern auf, die jeweils zwei Samenanlagen tragen. Bereits zur Blütezeit zeichnen sich die vier Samenanlagen nach außen im Fruchtknoten ab, der dadurch fälschlicherweise vierteilig erscheint. Dass aber an dessen Bildung nur zwei und nicht vier Fruchtblätter beteiligt sind, kann man anhand der Narbenanzahl leicht erkennen, denn diese entspricht immer der Anzahl der Fruchtblätter.

Klausenfrucht der Deutschen Hundszunge (*Cynoglossum germanicum*); links komplett, rechts in Teilfrüchte zerfallen. (VMD)

121 Wie unterscheiden sich die verschiedenen Beerenformen voneinander?

Beerenfrüchte sind recht vielgestaltige Schließfrüchte, die artspezifisch aus einem bis mehreren Fruchtblättern zusammengesetzt sind. Zum Zeitpunkt der Fruchtreife differenziert sich die Fruchtwand (Perikarp) in drei Schichten. Das äußere Exokarp ist häutig, das darauffolgende Meso- und Endokarp sind hingegen fleischig. Die meisten Beerenfrüchte sind daher Saftfrüchte. Aber es gibt auch einige Ausnahmen wie die Trockenbeere des Kakaos (*Theobroma cacao*). Hier trocknet die Fruchtwand zum Zeitpunkt der Samenreife ein und wird hart. Auch bei den Lederbeeren der Passionsblumen (*Passiflora*) trocknet die Fruchtwand ein und wird dadurch derb ledrig. Daher sollte man nicht die prallen Früchte der Passionsblumen kaufen, sondern die eingeschrumpelten. Denn nur die sind wirklich ausgereift und zeigen ihr volles Aroma. Bilden mehrere Beeren durch Verwachsung der fleischigen Fruchtwände benachbarter Einzelbeeren einen gemeinsamen Fruchtverband, wird er als Sammelbeere bezeichnet (z. B. Cherimoya, *Annona cherimola*).

Beerenformen; oben von links nach rechts: Kiwi mit einer saftigen Beere; Trockenbeere des Kakaos; Lederbeere der Passionsblume; unten von links nach rechts: Sammelbeere der Cherimoya; Überbeere der Ananas. (VMD)

122 Welches Wunder vollbringt die Mirakelbeere?

Die Wunder- oder Mirakelbeere ist die Frucht des im tropischen Westafrika heimischen Strauches *Synsepalum dulcificum*, ein Breiapfelgewächs (Sapotaceae). Wegen des relativ großen Samens im Inneren der roten Beerenfrüchte erinnern sie an Kirschen. Isst man die Frucht, schmeckt sie süßlich-fad. Lässt man sie aber langsam auf der Zunge zergehen, verändert sich der Geschmackssinn. Der Inhaltsstoff Miraculin bewirkt, dass alles Saure etwa eine halbe Stunde lang ziemlich süß schmeckt, selbst Limetten schmecken dann wie kandiert. In Afrika wissen das auch fruchtfressende Vögel: Sie fressen die reifen Mirakelbeeren und danach eigentlich noch saure unreife Früchte anderer Pflanzen. Miraculin wird durch Hitze zerstört, sodass sich die Beeren nicht zum kalorienarmen Süßen von Marmelade eignen, sondern nur für kalt hergestellte Speisen und Getränke. Frische Früchte sind schwierig zu bekommen, in Tabletten- oder Kapselform ist ein Extrakt aber erhältlich.

Mirakelbeere (*Synsepalum dulcificum*). (HST)

123 Welches ist die größte Beere?

Es ist kaum vorstellbar, dass ein Kürbis wie eine Stachel- oder Johannisbeere eine echte Beerenfrucht ist. Und ein Kürbis ist dann natürlich die größte und schwerste Beere und Frucht überhaupt. Eine Beere mit einer festen Fruchtwand, wie sie Kürbis und Melone haben, wird Panzerbeere genannt. Besonders groß werden die Früchte des Riesen-Kürbis (*Cucurbita maxima*) der Sorte 'Atlantic Giant'. Regelmäßig werden Wettbewerbe ausgeschrieben, wer den größten Kürbis herangezogen hat. Der Weltrekord des Riesen-Kürbis liegt bei knapp 1.200 kg (2016), der deutsche Rekord von 2018 liegt bei rund 916 kg.

Kürbisbeere, beliebte herbstliche Dekoration. (HST)

124 Warum sind Apfel und Hagebutte keine Beerenfrüchte?

Der fleischige Teil der Apfelfrucht (*Malus domestica*) ist nicht aus dem Fruchtblatt bzw. der Fruchtwand hervorgegangen. Hier umschließt der fleischig-saftige Blütenboden die Fruchtblätter. Die eigentlichen Früchte, die das Kerngehäuse des Apfels bilden, sind Balgfrüchte mit einer pergamentartigen Fruchtwand. Balgfrüchte öffnen sich zur Reife normalerweise entlang der Bauchseite. Allerdings werden die Samen im Apfel nur durch den Biss der Apfelkonsumenten freigesetzt. Die Früchte der Rosen (Hagebutten) sind hingegen Sammelnussfrüchte. Bei den Rosen wird die Blütenachse bis zur Samenreife fleischig und umschließt viele einsamige Nüsschen. Die leuchtend roten reifen Hagebutten werden von Tieren gefressen, die die Samen andernorts wieder ausscheiden. Diese Art der Ausbreitung im Inneren der Tiere wird Endozoochorie genannt.

Sammelbalgfrucht des Apfels (*Malus domestica*) (links) und Sammelnussfrucht der Kartoffel-Rose (*Rosa rugosa)* (rechts). (VMD)

125 Welche Fruchtform hat eigentlich die Banane?

Die Banane (*Musa*) gehört zu den Beerenfrüchten, auch wenn man das unserer Kulturbanane nicht mehr unbedingt ansieht. Hierbei handelt es sich um eine samenlose Selektion mit einem mächtigen cremeweißen Fruchtfleisch. Bei den Wildformen hingegen sind im Fruchtfleisch zahlreiche, steinharte Samen vorhanden. Auch wenn unsere Kulturbanane zur Reife geschlossen bleibt, gibt es einige kleinfruchtige Wildformen, die sich zum Zeitpunkt der Samenreife klappig öffnen, wie die rotschalige Wildart *Musa velutina*. Aufgrund der rot-weißen Farbkombination werden so vor allem große Vögel als Ausbreiter angelockt, die das weiße, samenreiche Fruchtfleisch fressen und damit zur Samenausbreitung beitragen. Diese sich klappig öffnenden Früchte sind dann streng genommen keine Schließfrüchte mehr im Sinne einer Beere, sondern fleischige Kapseln.

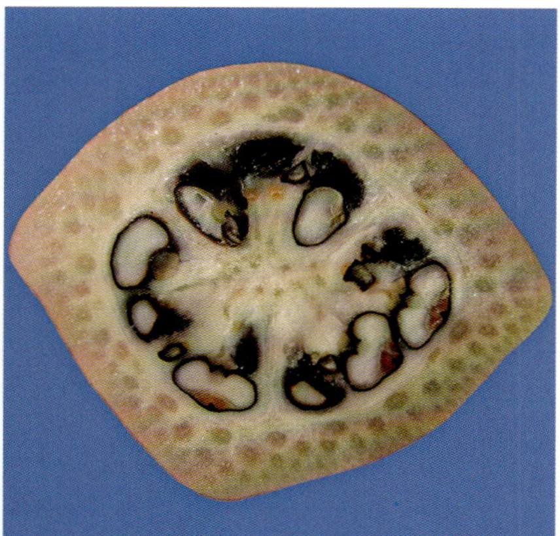

Querschnitte durch eine Bananenfrucht, das Fruchtfleisch der Wildbanane (*Musa velutina*) (links) enthält zahlreiche harte Kerne, das der Kulturbanane (*Musa × paradisiaca*) ist frei von Kernen (rechts). (VMD)

126 Wie ist eine Steinfrucht aufgebaut?

Steinfrüchte gehören zu den Schließfrüchten, die sich entweder aus einem (z. B. Kirsche) oder mehreren Fruchtblättern (z. B. Kaffeestrauch) aufbauen. Zum Zeitpunkt der Samenreife differenziert sich die Fruchtwand in ein äußeres häutiges Exo-, ein meist fleischiges Meso- und ein stark verholztes inneres Endokarp. Letzteres bildet dann die harte Schicht des typischen Steinkerns aus. Demzufolge handelt es sich bei der harten Schale des Steinkerns auch nicht um die Samenschale, sondern um die innerste, in dem Falle verholzte Schicht des Fruchtblattes. Der Same befindet sich gut geschützt im Inneren des Steinkerns. Bilden mehrere Steinfrüchte einen gemeinsamen Fruchtverband aus, spricht man von Sammelsteinfrüchten, bei der die fleischigen Fruchtwände benachbarter Einzelsteinfrüchte miteinander verwachsen (z. B. Him- oder Brombeere).

Steinfrucht der Kirsche (links); Sammelsteinfrucht der Brombeere (rechts). (VMD)

127 Die Walnuss – steinfruchtartig, aber dennoch eine Nuss?

Die Walnuss (*Juglans regia*) wird mit ihrem großen Kern, der von einer fleischigen Hülle umgeben ist, fälschlicherweise oft für eine Steinfrucht gehalten, vergleichbar mit einer Aprikose. Bei Steinfrüchten stammen die äußere fleischige und die innere harte Schicht, die den Samen umschließen, vom Fruchtblattgewebe. Neuere Untersuchungen haben aber gezeigt, dass die fleischige Hülle der Walnüsse nicht vom Fruchtknoten gebildet wird. Stattdessen ist sie ein Verwachsungsprodukt von Trag- und Vorblättern, die unterhalb der Blüte stehen. Sie bilden eine grüne lederige Hülle, die die heranreifenden Früchte nach und nach vollständig umschließt. Die grüne Hülle, die wie eine Fruchtwand aussieht (Cupula), ist also kein Bestandteil der eigentlichen Frucht. Vielmehr ist nur das, was wir als Walnuss bezeichnen und knacken, die echte Frucht und somit eine Nuss.

Frucht der Walnuss (*Juglans regia*); links: Sich öffnende Cupula; rechts: Reife Nussfrucht. (VMD)

128 Warum sind Litchi und Rambutan keine Steinfrüchte, obwohl sie doch so aussehen?

Auf den ersten Blick vermitteln die Früchte von Litchi (*Litchi chinensis*) und Rambutan (*Nephelium lappaceum*) einen steinfruchtartigen Aufbau mit einem großen zentralen Steinkern, einer saftig fleischigen Zwischenschicht und einem zunächst derb ledrigen und später harten äußeren Abschlussgewebe. Botanisch sind es echte Nussfrüchte, deren Fruchtwand mit zunehmender Samenreife verholzt und sich auch zur Reife hin nicht öffnet. Der große „Steinkern" ist in dem Falle der einzige Same, der je Frucht hervorgebracht wird. Die weiße, saftig-fleischige Schicht, die den Samen umgibt, ist ein Samenmantel (Arillus) und nicht Teil des Fruchtfleisches. Hierbei handelt es sich um eine Achsenwucherung des Trägers der Samenanlage (Funiculus). Diese schwillt mit zunehmender Samenreife immer weiter an und füllt letztendlich den gesamten Raum zwischen Samen und Fruchtwand aus. Solche Samenmäntel werden zum Beispiel auch bei den Früchten der Passionsblume gebildet.

Samen von Rambutan (*Nephelium lappaceum*) (links) und Litchi (*Litchi chinensis*) von fleischigem Samenmantel (*Arillus*) umgeben. (VMD)

129 Warum sind Kokosnüsse keine Nüsse?

Auch wenn die Bezeichnungen Kokosnuss oder coconut nahelegen, dass es sich bei der Frucht der Kokospalme (*Cocos nucifera*) um eine Nussfrucht handelt, ist dies falsch. Vielmehr ist sie eine Steinfrucht, die prinzipiell derjenigen von Kirschen entspricht. Das, was wir in den Läden als Kokosnüsse kaufen, ist der Kern der Steinfrucht, vergleichbar mit dem Kirschkern. Bei der Kokosfrucht ist die Zwischenschicht der Fruchtwand (Mesokarp) nicht wie bei der Kirsche saftig-fleischig, sondern faserig und luftgefüllt und sorgt so für die Schwimmfähigkeit der Kokosfrucht und ihre Ausbreitung über das Meer. Kokospalmen wachsen überwiegend an tropischen Stränden. Zur Fruchtreife fallen die Früchte von der Palme und gelangen ins Meer, wo sie durch die Strömung ausgebreitet werden. Dabei treiben die Früchte aufgrund des luftgefüllten Mesokarps wie kleine Bojen über tausende Kilometer auf dem Wasser, bis sie irgendwo wieder an den Strand gespült werden, um dort zu keimen.

Steinfrucht der Kokosnuss; links: ganze Frucht; rechts: Fruchtquerschnitt; das Mesokarp ist faserig und luftgefüllt. (VMD)

130 Wie unterscheiden sich die verschiedenen Nussformen voneinander?

Nüsse sind Trockenfrüchte. Ihre Fruchtwand (Perikarp) öffnet sich zum Zeitpunkt der Samenreife nicht und verholzt mehr oder weniger stark. Im Inneren kann sich der Same gut geschützt entwickeln und enthält schließlich den Embryo, der von einem fettreichen Nährgewebe (Endosperm) umgeben ist. Es gibt unterschiedliche Nussformen: Bei der Achäne handelt es sich um die unterständige Nussfrucht der Korbblütler (Asteraceae). Die Karyopse, wie sie für die Süßgräser (Poaceae) typisch ist (also das klassische Getreidekorn), ist auch eine Nussfrucht. Bilden mehrere einzelne Nussfrüchte einen Fruchtverband, liegt eine Sammelnussfrucht vor, wie dies bei Waldrebe (*Clematis*) oder Erdbeere (*Fragaria*) der Fall ist. Hier entwickeln sich aus den freien Fruchtblättern zahlreiche Nussfrüchtchen, deren Fruchtwand zum Zeitpunkt der Samenreife stark verholzt und sich nicht öffnet. Übrigens nicht alles, was nussartig aussieht und eine verholzte Schale hat, ist tatsächlich eine Nuss. Die Mandel beispielsweise ist der Steinkern einer pfirsichartigen Frucht. Im Inneren des Steinkerns der Mandel befindet sich der fettige Same. Die braune häutige Hülle, die den Samen umschließt, ist die Samenschale.

Nussfrüchte; links: Nussfrucht der Hasel (*Corylus avellana*); rechts: Sammelnussfrucht der Nelkenwurz (*Geum urbanum*). (VMD)

131 Weshalb sind Paranüsse keine Nüsse?

Auch wenn die deutsche Bezeichnung Paranuss vermuten lässt, dass es sich um echte Nüsse handelt, ist dies falsch. Die handelsüblichen Paranüsse sind die Samen des Paranussbaumes (*Bertholletia excelsa*). Die eigentliche Frucht ist eine bis 20 cm breite und stark verholzte, kugelige vielsamige Nussfrucht, die sich zum Zeitpunkt der Samenreife nicht öffnet und als Ganzes vom Baum abfällt. Manche bezeichnen sie auch als eine sich nicht öffnende Kapsel, da die Früchte verwandter Arten sich mit einem Deckel öffnen. Die verholzte Fruchtwand ist derart hart, dass selbst der Aufprall auf den Boden die Frucht nicht zerspringen lässt. Im Inneren befinden sich zahlreiche leicht gekrümmte nussartige Samen mit einer auffällig runzeligen und sehr festen Samenschale. In der südamerikanischen Heimat werden die auf dem Boden liegenden, geschlossenen Früchte von den mit Meerschweinchen verwandten Agutis (Dasyproctidae) geknackt. Sie schaffen es, mit ihren scharfen Zähnen die harte Fruchtwand zu öffnen. Ähnlich wie bei uns die Eichhörnchen verstecken die Nager dann die Samen und finden viele von ihnen später nicht mehr wieder, was dann zur Ausbreitung beiträgt (Versteckausbreitung). Für die Nutzung als Knabberei für den Menschen werden die Früchte vor Ort mit Macheten aufgeschlagen. Die Paranüsse kommen meist ohne Samenschale in den Handel, weil sich unter ihr leicht Schimmelpilze ansiedeln können.

Paranüsse: links: geöffnete Frucht; mittig: geschälter Same; rechts: nussartige Samen mit harter Schale. (VMD)

132 Wie lassen sich mit Affentöpfen Affen fangen?

Deckelkapsel des Paradiesnussbaumes (*Lecythis ollaria*), Deckel entfernt. (HST)

Der im östlichen Südamerika heimische Paradiesnussbaum (*Lecythis ollaria*) gehört wie der Paranussbaum zur Familie der Affentopfgewächse (Lecythidaceae). Die verholzten Früchte haben etwa die Größe einer Kokosnuss, sind krugförmig, enthalten mehrere Samen und öffnen sich mit einem Deckel. Diese Deckelkapseln werden auch Affentöpfe genannt. Affen lassen sich mit ausgehölten Kokosnüssen oder diesen Affentöpfen (auch „Affenfalle") fangen: Die Früchte werden an einen Baum oder Pflock angebunden und mit einer Leckerei für die Affen gefüllt. Um den Köder zu greifen, zwängt der Affe die Hand in die Frucht, kann sie anschließend aber mit der Beute nicht mehr aus der engen Fruchtöffnung herausziehen. Der Affe sitzt in der Falle. Die dekorativen Paradiesnussbaumfrüchte sind bei uns im Floristik- oder Drechslerbedarf erhältlich.

133 Welcher Baum hat Früchte wie ein Gehirn?

Es ist die Milchorange (auch Osagedorn, *Maclura pomifera*). Die aus den südlichen USA stammende Baumart wird bei uns gelegentlich in Parks gepflanzt. Das Gehölz ist kein *Citrus*-Gewächs, sondern gehört, wie die Feige, zu den Maulbeerbaumgewächsen (Mora ceae). Männliche bzw. weibliche Blüten werden auf verschiedenen Individuen gebildet, wobei die weiblichen mindestens orangengroße, kugelige und lindgrüne „Früchte" bilden. Botanisch sind es aber Fruchtstände, die aus vielen kleinen Steinfrüchten zusammengesetzt sind. Die Oberfläche des Fruchtstandes ist runzelig und klein gefeldert und erinnert dabei an ein kleines Gehirn. Deshalb werden die Fruchtkugeln in Amerika umgangssprachlich gelegentlich auch „monkey's brain" genannt. In ihnen befindet sich Milchsaft, der die Frucht für den Menschen ungenießbar macht. Außer Grauhörnchen frisst kaum ein Tier die Früchte. Aber wozu denn die riesigen Fruchtstände? Tiere, die die Fruchtverbände gefressen, die Samen wieder ausgeschieden und damit für die Ausbreitung gesorgt haben, sind längst ausgestorben, darunter Riesen-Faultiere oder Mammuts. Riesen-Faultiere haben übrigens auch Avocados gefressen.

Reifer Fruchtstand des Osagedorns (*Maclura pomifera*). (VMD)

134 Was sind Wintersteher?

Unter Winterstehern werden Arten zusammengefasst, deren Früchte über den Winter an der Pflanze erhalten, also stehen bleiben, wie dies zum Beispiel in der heimischen Flora beim Wasser-Schneeball (*Viburnum opulus*) oder dem Efeu (*Hedera helix*) vorkommt. Diese Arten sind besonders für Vögel als Nahrungsquelle im Winter von großer Bedeutung. Dabei muss der Blütezeitpunkt nicht zwangsläufig wie beim Efeu im Spätherbst liegen, damit die Früchte über den Winter heranreifen und an der Pflanze erhalten bleiben. Der Wasser-Schneeball blüht bei uns bereits im Mai und bis in den Juli hinein.

Die Früchte des Wasser-Schneeballs (*Viburnum opulus*) bleiben bis weit in den Winter am Strauch. (VMD)

135 Welche Formen von Hülsenfrüchten gibt es?

Die Hülse ist die typische Fruchtform der Leguminosen (Fabaceae) und ist dadurch gekennzeichnet, dass sie sich an ihrer Bauch- und Rückennaht öffnet, um die Samen zu entlassen. Eine Gliederhülse (Beispiel: Alpensüßklee, *Hedysarum hedysaroides*) ist eine Bruchfrucht, bei der sich die Früchte zwischen den Samen stark einschnüren und später in einsamige Teilfrüchte zerfallen. Eine weitere Form ist die Rahmenhülse wie diejenige der Sinnpflanze (*Mimosa pudica*). Auch hier zerfällt die reife Frucht in einsamige Teilfrüchte, wobei die Leitbündel der Bauch- und Rückennaht als Rahmen an der Pflanze erhalten bleiben.

Hülsenfrüchte; links: Hülse der Gewöhnlichen Robinie (*Robinia pseudoacacia*); mittig: Gliederhülse des Alpensüßklees (*Hedysarum hedysaroides*); rechts: Rahmenhülse der Mimose (*Mimosa pudica*). (VMD)

136 Wie unterscheidet sich eine Balgfrucht von einer Hülsenfrucht?

Balgfrüchte gehören wie Hülsenfrüchte ebenfalls zu den Öffnungsfrüchten und bestehen aus nur einem Fruchtblatt. Allerdings öffnet sich ein Balg zur Reife ausschließlich an der Bauchnaht, um die Samen zu entlassen, während die Hülse an der Bauch- und Rückennaht aufreißt. Eine Einzelbalgfrucht wie die des Feld-Rittersporns (*Consolida regalis*) kommt selten vor. Wesentlich häufiger ist die Sammelbalgfrucht. Hier bilden zahlreiche freie (z. B. Akelei, *Aquilegia*) oder verwachsene Fruchtblätter (z. B. Schwarzkümmel, *Nigella*; Pfingstrose, *Paeonia*) eine Sammelbalgfrucht. Jedes der Fruchtblätter öffnet sich dann zum Zeitpunkt der Samenreife.

Balgfrüchte; links: Balgfrucht des Feld-Rittersporns (*Consolida regalis*);
rechts: Sammelbalgfrucht der Mlokosewitsch-Pfingstrose (*Paeonia mlokosewitschii*). (VMD)

137 Faszination Kapselfrüchte: Welche Formen und Unterschiede gibt es?

Kapselfrüchte sind Öffnungsfrüchte und eine der vielgestaltigsten Fruchtformen überhaupt, die nach ihrem Öffnungsmechanismus eingeteilt werden. Öffnet sich die Kapsel entlang ihrer Scheidewände, liegt eine septizide Kapsel vor. Eine Porenkapsel verfügt zur Reife über mehrere kleine Löcher, über die die Samen ausgestreut werden (z. B. Mohn). Bei der Deckelkapsel wird zur Reife ein Deckel (Operculum) förmlich abgesprengt, damit die Samen aus der so geöffneten Samenkammer durch Windbewegungen ausgestreut werden können (z. B. Schwarzes Bilsenkraut). Die meisten Kapselfrüchte trocknen während der Reife ein. Springkraut und Fleißiges Lieschen (*Impatiens*) bilden aber fleischige Kapseln, die unter Spannung stehen und sich bei Berührung explosionsartig öffnen. Dadurch werden die Samen über mehrere Meter weit ins Gelände katapultiert (Kräutchen-rührmich-nicht-an).

Kapselfrüchte; links: Deckelkapsel des Schwarzen Bilsenkrauts (*Hyoscyamus niger*); rechts: Porenkapsel des Klatsch-Mohns (*Papaver rhoeas*). (VMD)

138 Was sind Schote und Schötchen?

Die Schote und das relativ breitere Schötchen sind Sonderformen der Kapsel, also auch Öffnungsfrüchte. Sind die Früchte mehr als dreimal so lang wie breit, handelt es sich um Schoten. Sind sie kürzer, werden sie als Schötchen bezeichnet. Schote und Schötchen sind die typischen Fruchtformen der Kreuzblütler (Brassicaceae). Sie öffnen sich mit zwei Klappen (Valven) von unten nach oben und lassen nur einen Rahmen (Replum) stehen, der eine häutige, transparente Scheidewand hält. Bekanntes Beispiel ist das Schötchen des Judastalers (*Lunaria annua*), dessen silbrig glänzende, fast kreisrunde Scheidewand mit Geldtalern verglichen wird. Am Rand des Rahmens sitzen zahlreiche Samen, die separat voneinander ausgestreut werden. Eine Sonderform der Schote ist die Gliederschote (z. B. Rettich und Radieschen). Hier sind die Früchte zwischen den Samen stark eingeschnürt. Die reifen Früchte öffnen sich nicht entlang der Verwachsungsnähte der Fruchtblätter, sondern zerfallen zwischen den Samen in einsamige Teilfrüchte (Bruchfrüchte).

Schotenfrüchte; links: Schötchen des Judastalers (*Lunaria annua*); rechts: Schote des Raps (*Brassica napus*). (VMD)

139 Sind die Früchte von Erbse und Paprika wirklich Schoten?

Umgangssprachlich wird meist nicht sauber zwischen den verschiedenen Fruchtformen unterschieden. Dies kann zu Verwirrung führen, wenn sich die volkstümlichen von den botanischen Bezeichnungen unterscheiden. Erbsen- und Paprikaschoten sind zwei solcher klassischer Beispiele dafür, dass ihre sogenannten Schoten andere Fruchttypen sind. Eine Schotenfrucht ist eine Öffnungsfrucht, die sich über zwei Klappen von unten nach oben öffnet und die typische Fruchtform der Kreuzblütler wie dem Raps ist. Die „Schote" der Erbse (*Pisum sativum*) dagegen ist eine Hülse, die aus einem Fruchtblatt besteht, das sich zur Reifezeit an der Bauch- und Rückennaht öffnet. Die Paprika (*Capsicum annuum*) hingegen ist botanisch eine blasig aufgetriebene und luftgefüllte Beerenfrucht.

Erbsenhülse (links) und luftgefüllte Paprikabeere (rechts). (VMD)

140 Warum müsste der Makadamia-Nuss ihr Titel „Königin der Nüsse“ eigentlich aberkannt werden?

Die unter Knabbereien sehr beliebte, aber auch sehr teure Makadamia-Nuss (*Macadamia integrifolia*) wird im Lebensmittelhandel oft als „Königin der Nüsse“ angepriesen. Allerdings ist sie gar keine Nussfrucht im botanischen Sinne, sondern vielmehr der Same einer Balgfrucht, also einer Öffnungsfrucht. Bei Makadamia enthält jede Balgfrucht stets nur einen einzigen Samen, dessen Schale so stark verholzt ist, dass sie die meisten handelsüblichen Nussknacker in die Knie zwingt. Kakadus können hingegen mit ihren kräftigen Schnäbeln die Samen knacken. Auch Ratten sind in der Lage, Makadamia-Nüsse aufzuknabbern.

Das künstliche Knacken von Makadamia-Samen ist sehr aufwändig und führt oftmals zum Bruch des Samens. Dieser Makadamia-Bruch wird dann zum Beispiel zur Ölgewinnung genutzt. Die unbeschadeten Samen werden hingegen gesalzen und geröstet als Snacks angeboten.

Makadamia (*Macadamia integrifolia*); sich öffnende Balgfrucht (links); reife Samen mit stark verholzter Samenschale (rechts). (VMD)

141 Warum können Cranberries eigentlich schwimmen?

Die nordamerikanische Cranberry oder Große Moosbeere (*Vaccinium macrocarpon*) ist wie die verwandte Preiselbeere ein Heidekrautgewächs (Ericaceae). Ihre Früchte sind Beeren, die im Inneren vier große luftgefüllte Kammern aufweisen. Fallen die reifen Früchte von der Pflanze ab und landen im Wasser, können sie wie kleine Bojen auftreiben und weit ausgebreitet werden. Diese Eigenschaft macht man sich auf Cranberry-Plantagen zu Nutze, die meist in Senken angelegt werden. Zur Fruchtreife werden die Plantagen mehrfach kurzzeitig geflutet. Die reifen Beeren schwimmen anschließend auf der Wasseroberfläche und können problemlos abgefischt werden, was eine ansonsten sehr mühsame und teure Handlese der Früchte erspart.

Beerenfrucht der Cranberry (*Vaccinium macrocarpon*) mit 4 großen Luftkammern. (VMD)

142 Werden bei der Pusteblume Früchte oder Samen ausgebreitet?

Das, was wir als Pusteblume kennen, sind die Fruchtstände des Löwenzahns (*Taraxacum officinale*). Aus den Fruchtblättern entwickeln sich unterständige Nussfrüchte, die bei den Korbblütlern, zu denen auch der Löwenzahn gehört, Achäne genannt werden. Die fünf Kelchblätter bleiben bis zur Fruchtreife erhalten, spalten sich fiedrig auf und dienen später als Flugorgan (Pappus). Beim Löwenzahn ist zwischen der Nussfrucht und dem fedrigen Pappus noch ein steriler Abschnitt (Schnabel) eingefügt, der bei anderen Korbblütlern fehlen kann. Dann sitzt der Pappus unmittelbar der Nussfrucht auf. Zur Fruchtreife lösen sich die vielen Nussfrüchte, die oft als Samen bezeichnet werden, vom Köpfchenboden ab und werden durch den Wind ausgebreitet. Solche fallschirmähnlichen Früchte werden Schirmchenflieger genannt; das Phänomen der Ausbreitung von Samen oder Früchten durch den Wind wird als Anemochorie bezeichnet. Noch größere Pusteblumen als der Löwenzahn bildet übrigens der Wiesen-Bocksbart (*Tragopogon pratensis*).

Fruchtstand des Löwenzahns (*Taraxacum*), die Früchte werden durch den Wind ausgebreitet (links); einzelne Frucht mit Schnabel und Pappus (rechts). (VMD)

143 Was sind die flauschigen Strukturen der Clematis?

Die Früchte der Gemeinen Waldrebe (*Clematis vitalba*) sind Sammelnussfrüchte aus zahlreichen freien, kleinen Nüsschen, deren Fruchtwand zum Zeitpunkt der Samenreife stark verholzt und sich nicht öffnet. Mit zunehmender Samenreife verlängert sich der fiedrig behaarte Griffel stark. Dieser Federgriffel ist ein Flugorgan für die Nüsschen, die später durch den Wind einzeln ausgebreitet werden (Anemochorie). Einen fast identischen Ausbreitungsmechanismus gibt es beispielsweise bei der Gemeinen Küchenschelle (*Pulsatilla vulgaris*) oder der Silberwurz (*Dryas octopetala*). Letztere wachsen in den Alpen oft an windigen Felskanten, wo die Windausbreitung sehr sinnvoll ist.

Reifer Fruchtstand (Sammelnussfrucht) der Waldrebe (*Clematis integrifolia*) (links); Detail der Nüsschen mit Federgriffel (*Clematis vitalba*). (VMD)

144 Was sind Regenwasserballisten?

Auch Regenwasser kann bei der Ausbreitung von Samen eine wichtige Rolle spielen, wie zum Beispiel bei der Sumpfdotterblume (*Caltha palustris*). Die Sumpfdotterblume bildet eine Sammelbalgfrucht aus zahlreichen einzelnen, sehr eng stehenden Balgfrüchten, die sich zur Samenreife alle entlang der Bauchnaht öffnen und so eine schüsselartige Struktur bilden. In der „Schüssel" liegen die reifen Samen frei exponiert und werden bei Regen durch auftreffende Tropfen förmlich aus dem Fruchtstand herausgeschlagen. Ähnliches gibt es auch in den Kapselfrüchten von zahlreichen Mittagsblumengewächsen (Aizoaceae): Während der Trockenzeit bleiben die Kapselfrüchte geschlossen, öffnen sich aber bei Benetzung durch Regentropfen innerhalb kürzester Zeit. Auch hier werden die Samen in einem schüsselförmigen Fruchtstand den auftreffenden Regentropfen präsentiert, die die Samen dann aus der geöffneten Kapsel herauskatapultieren.

Glottiphyllum oligocarpus, bei zahlreichen Mittagsblumengewächsen bleiben die Fruchtstände in Trockenzeiten geschlossen (links), öffnen sich aber bei Regen, damit die Samen durch auftreffende Regentropfen entfernt werden können (rechts). (VMD)

145 Wie können es Pappeln und Weiden im Sommer schneien lassen?

Pappeln (*Populus*) und Weiden (*Salix*) können natürlich nicht dafür sorgen, dass im Sommer tatsächlich Schnee fällt. Aber was verbirgt sich denn hinter den Begriffen „Pappel-" oder „Weidenschnee"? Pappel- und Weidensamen sind von zahlreichen Samenhaaren überzogen, die als Flugorgane dienen. Im Frühsommer bis Sommer öffnen sich ihre Kapselfrüchte, um die massenhaft produzierten Samen zu entlassen. Dies geschieht allerdings nur bei optimalen Flugbedingungen an sonnig-warmen Tagen und bei trockener Witterung. Bei feuchter Witterung käme es zum Verkleben der Samenhaare und eine spätere Flugausbreitung wäre unmöglich. Die Samen werden nicht einzeln, sondern durch sich verhakende Samenhaare in kleinen Paketen freigesetzt. Gerade in Auwald- oder Gewässernähe, wo die meisten Pappel- und Weidenarten wachsen, sehen die vorbeifliegenden Samen wie Schneeflocken aus. In besonders pappel- und weidenreichen Regionen kann es zu „Schneeverwehungen" kommen, sodass der Boden teilweise knöcheltief mit Samen überdeckt ist. Allerdings muss man genau hinschauen, um die Samen selber erkennen zu können: Sie sind im Vergleich zu den Samenhaaren winzig klein. Dies liegt daran, dass der Same nur mit sehr wenig Nährgewebe für den Embryo ausgestattet ist, weshalb der Embryo nur recht kurzlebig ist. Aufgrund dessen ist es wichtig, dass die Samen von Pappeln und Weiden nach deren Freisetzung rasch auf offenen Boden fallen, damit dort umgehend die Keimung erfolgen kann.

„Pappel-Schnee"; links: Sich öffnende Kapsel der Schwarz-Pappel (*Populus nigra*); rechts: Auf dem Boden angesammelte Samen. (VMD)

146 Wie kommen eigentlich Fruchtflügel zustande?

Zahlreiche Früchte haben einen oder sogar mehrere Flügel, die der Windausbreitung dienen und aus unterschiedlichen Strukturen hervorgehen. Beispielsweise sind die beiden Fruchtflügel der Birkennüsschen Auswüchse des Fruchtknotens. Auch der einseitige Fruchtflügel des Ahornnüsschens ist ein Auswuchs der Fruchtwand. Dieser Fruchtflügel verursacht später eine propellerartige Flugbewegung der Nuss, womit eine weite Ausbreitung durch den Wind ermöglicht wird. Ähnliches wird auch durch das dreiteilige Flugorgan der Hainbuche erzielt, das jedoch kein Bestandteil der eigentlichen Frucht ist. Hier verwachsen die die Frucht umgebenden Blätter miteinander, also das Tragblatt der Blüte sowie deren beiden Vorblätter des Blütenstiels. Bei den Linden ist das Flugorgan ein Hochblatt, auf das während des Fruchtwachstums der Blüten- bzw. Fruchtstiel verlagert wurde. Auch dieses Flugorgan bedingt eine propellerartige Flugbewegung. Bei der Linde ist nicht die einzelne Frucht, sondern der gesamte Fruchtstand die Ausbreitungseinheit (Diaspore).

Geflügeltes Nüsschen der Hänge-Birke (*Betula pendula*) (links) und der Hainbuche (*Carpinus betulus*) (rechts). (VMD)

147 Was macht das Wollgras so wollig?

Wollgräser sind typische Elemente von Nass- und Moorwiesen. Sie bilden an ungestörten Standorten meist große Bestände aus (z. B. in den Alpen oder in Skandinavien). Die Wollgräser sind zum Zeitpunkt der Blüte recht unauffällig: Aufgrund der Windbestäubung ist die Blütenhülle stark reduziert und ohne jegliche Schauwirkung. Nach erfolgreicher Bestäubung entwickeln sich die Nussfrüchte, die durch den Wind ausgebreitet werden. Mit zunehmender Fruchtreife spaltet sich die Blütenhülle (Perigon) fiedrig auf und bildet einen weißen, wolligen Haarschopf an der Nussfrucht aus, der dann als Flugorgan dient und namensgebend für die deutsche Bezeichnung „Wollgras" ist. Zum Zeitpunkt der Fruchtreife sind die Wollgräser recht auffällig und als weiße „Wölkchen" selbst aus der Ferne bereits erkennbar. Somit sind hier also nicht die Blüten, wie oft fälschlich behauptet wird, sondern die reifen Früchte bzw. deren Flugorgane von hohem Zierwert. Wollgräser werden daher besonders in Wassergärten entlang von Teichen und Bachläufen gepflanzt.

Alpines Quellmoor mit Schmalblättrigem Wollgras (*Eriophorum angustifolium*) (links); Nüsschen mit Flugorgan aus zahlreichen Perigonblattborsten (rechts) (VMD).

148 Wozu dienen Klettfrüchte?

Die Ausbreitung von Früchten erfolgt oftmals durch Tiere. Eine Möglichkeit ist, dass die Früchte gefressen und die Samen nach der Magen-Darm-Passage andernorts ausgeschieden werden (Endozoochorie). Früchte können auch als blinder Passagier am Tier angeheftet ausgebreitet werden (Epizoochorie), wie dies für viele Klettfrüchte der Fall ist. Solche Früchte zeigen unterschiedliche Strukturen, um sich im Fell von Tieren zu verhaken und so über große Strecken verbreitet zu werden. Manche bilden zum Anheften hakige Haare wie beispielsweise das Klett-Labkraut (*Galium aparine*) oder der Waldmeister (*Galium odoratum*). Auch die Fruchtwand der Hundszunge (*Cynoglossum*) hat hakige Auswüchse. Bei anderen Arten, beispielsweise den Kletten (*Arctium*) oder den Spitzkletten (*Xanthium*), beides Korbblütler, werden die Früchte nicht einzeln ausgebreitet, sondern das ganze Köpfchen mit den vielen, kleinen Früchten im Inneren. Dazu sind die Blätter der Hochblatthülle (Involucralblätter), die das Köpfchen umschließt, hakig und übernehmen die Klettfunktion. Auch mehrere Köpfchen können zusammenkletten. Solche Kletten lassen sich nur schwer aus dem Haar oder von der Kleidung wieder loswerden. Gelegentlich kann es sogar passieren, dass kleine Vögel wie Meisen, die aus Klettenköpfchen die Körner picken wollten, sich dort verhaken und verenden.

Klettfrüchte; bei der Klette (*Arctium*) wird der ganze Fruchtstand ausgebreitet (links), beim Waldmeister (*Galium odoratum*) nur die einzelnen Teilfrüchte (rechts). (VMD)

149 Gibt es noch andere Früchte, die ihren Ausbreiter schwer verletzen können?

Im Regelfall nimmt ein Ausbreiter gar nicht wahr, dass er von einer Pflanze als Transporteur für die Verbreitung ihrer Früchte oder Samen genutzt wird. Jedoch gibt es wenige Ausnahmen, bei denen die Früchte den Ausbreiter mitunter sogar schwer verletzen können, wie dies für einige Sesamgewächse (Pedaliaceae) der Fall ist. Beispiele dafür sind Gemsenhornfrüchte (*Ibicella*, syn. *Proboscidea*) und die auch medizinisch genutzte Teufelskralle (*Harpagophytum procumbens*). Die Pflanzen wachsen niederliegend bis kriechend. Ihre Früchte verholzen zum Zeitpunkt der Reife stark, sind mit festen, stechenden, widerhakigen Dornen bzw. Stacheln überzogen und werden als Trampelkletten bezeichnet. Tritt ein Tier auf die Frucht, bleibt diese im Huf, Fell, in der Haut oder sogar im Fleisch hängen, was für das Tier äußerst schmerzhaft sein kann. Die am Tier fest verankerten Früchte werden nun über größere Entfernungen verschleppt. Durch Abstreifen und Zertrampeln der Früchte werden irgendwann später die Samen freigesetzt. Da diese Früchte ihren Ausbreiter teilweise stark verletzen können, werden sie umgangssprachlich auch als Teufelskralle oder „devil´s claw" bezeichnet. Sie sind nicht zu verwechseln mit der bei uns heimischen Teufelskralle (*Phyteuma*), einem Glockenblumengewächs.

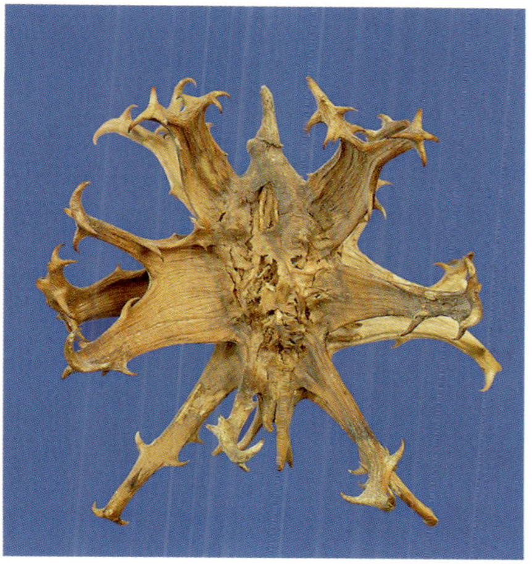

Gemsenhornfrucht (*Ibicella lutea*) (links) und Teufelskralle (*Harpagophytum procumbens*) (rechts). (VMD)

150 Was bedingt das Namenswirrwar bei Geranie, Storchschnabel und Reiherschnabel?

Alle drei Gattungen sind Storchschnabelgewächse (Geraniaceae). Der Familienname bezieht sich auf die Gattung *Geranium*, deren Name sich vom griechischen geranos (= Kranich) ableitet und sich auf die lang geschnäbelte Frucht bezieht, die an einen Vogelschnabel erinnert. Das, was oft als Balkon-Geranie bezeichnet wird, sollte man besser Balkon-Pelargonie nennen, denn der Gattungsname lautet *Pelargonium* und nicht *Geranium*. Irritierenderweise versteht man unter *Geranium* eine bei uns heimische Gattung mit dem deutschen Namen Storchschnabel, nicht aber Kranichschnabel. Eigentlich hätten Botaniker den Storchschnabel aber *Pelargonium* nennen sollen, denn die griechische Vokabel pelargos bedeutet Storch. Beim Reiherschnabel (*Erodium*) stimmt es, der Gattungsname geht auf erodios für Reiher zurück.

Blut-Storchschnabel (*Geranium sanguineum*). (HST)

151 Wie funktionieren pflanzliche Drillbohrer?

Die schnabelförmigen Früchte von Reiherschnabel-Arten (*Erodium*) zerfallen während der Reife in fünf Teilfrüchte, die jeweils mit einer langen Granne ausgestattet sind. Im trockenen, reifen Zustand ist diese Granne wie ein Korkenzieher spiralig aufgerollt. Sie kann Feuchtigkeit aufnehmen und entspiralisiert sich dabei innerhalb weniger Minuten. Dieser Vorgang ist reversibel und kann mehrfach ablaufen, wodurch die Früchte eine schraubige Drehbewegung wie ein Drillbohrer durchführen. Die Grannen dienen dabei als Widerlager. Irgendwann verhaken sich die Früchte zwischen Pflanzen und bohren sich in den Boden ein. Physikalische Quellungs- und Schrumpfungsbewegungen nennt man hygroskopische Bewegungen. Das Aufrollen beruht auf einem mehrschichtigen Aufbau der Granne. Die Schichten haben jeweils eine andere Faserlaufrichtung und dadurch bedingt unterschiedliche Quellungseigenschaften.

Drillbohrer des Reiherschnabels (*Erodium gruinum*). (links HST, rechts VMD)

152 Welche Pflanze bildet Früchte wie ein Teufelskopf?

Die Schwimmpflanze Wassernuss (*Trapa natans*) mit ihren charakteristischen Rosetten aus rautenförmigen Blättern war früher in Deutschland häufig, ist hierzulande mittlerweile vom Aussterben bedroht. Sie kommt aber noch häufig in stehenden Gewässern in Osteuropa, wie zum Beispiel auf dem Balkan, vor. Aus den unscheinbaren Blüten entwickeln sich zum Herbst hin Früchte mit zwei- bis vierdornigen Auswüchsen. Der Fruchttyp ist eine Nuss, die aber von der später vergrößerten Blütenachse eingeschlossen wird. Die dauerhaften Kelchblätter werden zu den Dornen, die den Eindruck eines Kopfes mit zwei Teufelshörnern und einer spitzen Nase erwecken. Die Dornen haben die Aufgabe, die auf den Gewässerboden gesunkenen Früchte zu verankern. Eins der beiden Keimblätter des Embryos ist stärkereich, weshalb die Früchte von *Trapa* schon in der Jungsteinzeit gegessen wurden. Sie müssen allerdings gekocht werden, da sie im rohen Zustand giftig sind.

Reife Frucht der Wassernuss (*Trapa natans*), links: Aufsicht, rechts: Seitenansicht. (VMD)

153 Wie erobert der Wegerich mit seinen Samen Wege und Straßenränder?

Der Breit-Wegerich (*Plantago major*) ist eine häufige, trittfeste Rosettenpflanze, die bevorzugt auf viel begangenen Wegen, in Pflasterritzen und an Straßenrändern vorkommt. In einem ährigen Fruchtstand bildet er Kapseln, die viele kleine flohähnliche Samen enthalten. Die Samenschale quillt bei Feuchtigkeit auf und wird klebrig, wodurch die Samen an Tierfüßen, Reifen oder Schuhen haften bleiben. Erst wenn die Samenschale trocken geworden ist, lösen sie sich wieder. Dadurch können die Samen über große Entfernungen ausgebreitet werden und gelangen oft auf andere Wege oder Straßen. In Nordamerika brachten Europäer den Wegerich unabsichtlich mit in die Neue Welt. Da die Pflanzen damals zunächst vor allem an den Siedlungswegen auftraten, wurden sie von den Ureinwohnern als „Fußstapfen des weißen Mannes" bezeichnet. Von einem asiatischen Wegerich (*Plantago ovata*) stammen die bei Verdauungsproblemen medizinisch genutzten Flohsamen. Durch die quellenden Eigenschaften der Samenschale helfen sie als wichtige Ballaststoffquelle bei Verstopfung bzw. Durchfall.

154 Wie kann der Lampion von *Physalis* der Fruchtausbreitung dienen?

Beerenfrucht der Blasenkirsche (*Physalis alkekengi*) von einem bleibenden, blasigen Kelch umgeben. (VMD)

Die Art *Physalis alkekengi*, die umgangssprachlich als Blasenkirsche oder auch Lampionblume bezeichnet wird, bildet ganz charakteristische Beerenfrüchte, die von einem orangefarbigen blasig aufgetriebenen bleibenden Kelch (Lampion) umgeben sind. Diese besondere Kelchstruktur dient dazu, die reifen Früchte später als Ballonroller bzw. Ballonflieger mit Hilfe des Windes auszubreiten. Liegen die Früchte samt umgebenden Kelch auf dem Boden, werden sie zunächst durch den Wind verweht. Die roten Beeren selbst werden später von Tieren gefressen und diese scheiden die Samen andernorts wieder aus.

155 Warum ist der Götterbaum so erfolgreich?

Fruchtender Zweig des Götterbaumes. (HST)

Der Götterbaum (*Ailanthus altissima*) stammt aus China, ist aber mittlerweile auf allen Kontinenten (außer der Antarktis) ein Neubürger (Neophyt) innerhalb der Pflanzenwelt. Er wurde im 18. Jahrhundert als Ziergehölz erstmals in Europa gepflanzt und konnte sich besonders gut nach dem zweiten Weltkrieg auf Trümmergrundstücken ausbreiten. Auch die Erwärmung im Zuge der Klimaveränderung scheint ihm zu gefallen. Der Götterbaum fruchtet oft sehr üppig. Die gedrehten, geflügelten Früchte werden vom Wind ausgebreitet. Sie landen später u.a. auch in Pflasterritzen oder Lichtschächten, wo aus ihnen schnell wachsende neue Götterbäume entstehen. Oft sieht man sie in großen Beständen entlang von Bahngleisen oder im Bereich von Bahnhöfen, weil den Götterbäumen die oft geschotterten, sonnig-trockenen konkurrenzarmen Standorte zusagen. Durch vorbeifahrende Züge aufgewirbelte Luft trägt zur weiteren Ausbreitung der Samen entlang der Gleise bei.

156 Welches ist die größte Baumfrucht?

Riesige kugelige bis walzenförmige „Früchte“ bildet der aus dem tropischen Asien stammende Jackfruchtbaum (*Artocarpus heterophyllus*). Wie bei dem mit ihm verwandten Feigenbaum handelt es sich bei der „Frucht“ allerdings nicht um eine Einzelfrucht im strengen Sinne, sondern um einen Nussfruchtverband, der aus dem kompletten weiblichen Blütenstand hervorgeht.

Der Fruchtverband wird bis 1 m lang bei einer Breite von 50 cm und einem Gewicht von 25 kg. Wegen des großen Gewichtes wachsen die Fruchtverbände nur am kräftigen Hauptstamm. Die Felderung auf der Schale der Jackfrucht entspricht der Zahl der Blüten, die an der Bildung der „Früchte“ beteiligt sind. Aus den „Früchten“ wird ein frischer Saft gepresst, das „Fruchtfleisch“ wird roh, gekocht oder getrocknet verzehrt. Die stärkereichen Samen werden gekocht oder geröstet, aber auch zu Mehl vermahlen, das mit Getreidemehl vermischt wird.

Direkt am Stamm fruchtet der Jackfruchtbaum (*Artocarpus heterophyllus*). (HST)

157 Welches ist die größte Hülsenfrucht?

In Mittel- und Südamerika sowie dem tropischen Afrika heimisch ist die Meerbohne (auch Seebohne oder Affenleiter genannt, *Entada gigas*), ein Schmetterlingsblütler. Die Liane gedeiht in Fluss- und Küstennähe und rankt hoch in große Bäume hinein. Ihre Früchte sind Gliederhülsen bis etwa 1,50 m Länge und 12 cm Breite, die beim Herunterfallen in die einzelnen Segmente zerbrechen. Jedes Segment ist luftgefüllt und enthält einen 5-6 cm breiten, abgeflachten, leicht herzförmigen Samen. Auch die Samen schließen eine Luftkammer ein. Über Flüsse und das Meer werden die Bruchstücke der Früchte oder nur die Samen viele Kilometer weit verfrachtet, bis sie schließlich an einem Ufer angespült werden und keimen können. Stellenweise werden sie in großen Mengen an Stränden angespült und dann zu Samenschmuckketten verarbeitet, die man oft in tropischen Ländern angeboten bekommt.

Gliederhülse der Meerbohne (*Entada gigas*). (HST)

158 Die Schwarz-Erle ist kein Nadelbaum und bildet dennoch Zapfen?

Auf den ersten Blick ähneln die Fruchtstände der Erle (*Alnus*) den Zapfen der Koniferen, zu denen jedoch große morphologische Unterschiede bestehen. Bei der Erle stehen die männlichen und weiblichen Blüten in langen hängenden Kätzchen bzw. in unauffälligen kleinen zapfenartigen Blütenständen. In den männlichen Kätzchen sind die Blüten bis auf die Staubblätter reduziert. Auch die weiblichen Blüten sind sehr einfach gebaut. Die männlichen Kätzchen werden nach der Entlassung der Pollenkörner abgeworfen, während die weiblichen Blütenstände weiterwachsen und die Tragblätter des Blütenstands mit zunehmender Samenreife stark verholzen. Dadurch wird der gesamte Blütenstand nach der Bestäubung fest verschlossen, sodass sich die Samen gut geschützt im Inneren entwickeln können. Zum Zeitpunkt der Reife trocknen die schwarzbraunen Tragblätter aus und der Fruchtstand öffnet sich, um die geflügelten Nüsschen zu entlassen.

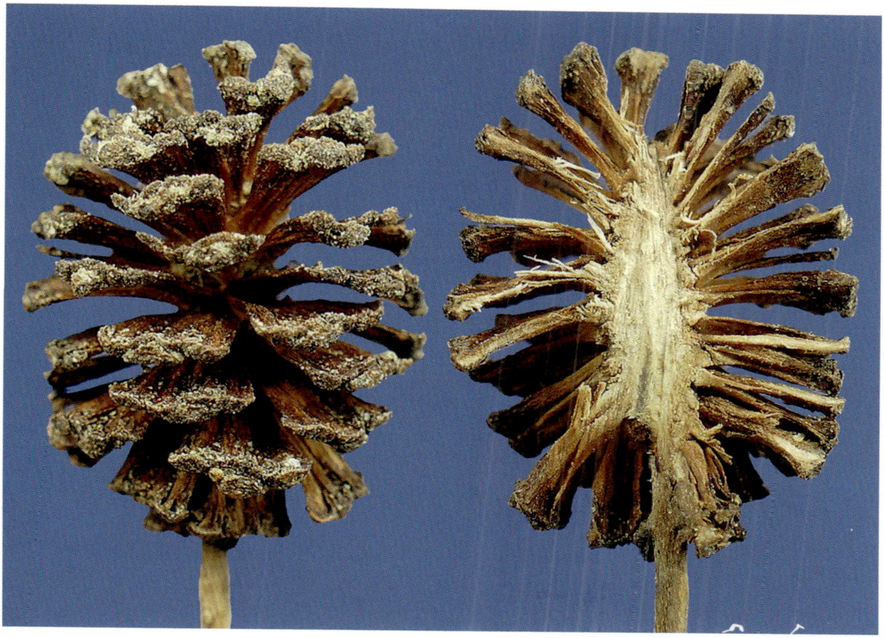

Zapfenartige, verholzte Fruchtstände der Schwarz-Erle (*Alnus glutinosa*). (VMD)

159 Warum brauchen die Früchte der Banksien Feuer?

Banksien (*Banksia*) sind immergrüne Gehölze aus Australien. Dort, wo sie wachsen, kommt es regelmäßig zu Buschfeuern, bei denen die Banksien aber nicht verbrennen. Sie sind an Feuer angepasste Pflanzen (Pyrophyten). Ihre zapfenartigen derben und stark verholzten Sammelbalgfrüchte öffnen sich sogar nur durch die hohen Temperaturen, die bei einem Feuer auftreten. Die bei einem Buschfeuer entstehenden Rauchgasbestandteile stimulieren später die Samenkeimung. Aus den einzelnen Bälgen werden leichte Samen entlassen, die durch den Wind ausgebreitet werden. Vorteile dieser Strategie sind, dass mögliche Wuchsorte durch das Feuer für die Keimlinge von Konkurrenz befreit sind und die Asche der verbrannten Pflanzen düngt den Boden. Zudem vergehen bis zum nächsten Feuer üblicherweise mehrere Jahre, in denen die jungen Banksien soweit gewachsen sind, dass sie dem nächsten Feuer standhalten können. Die großen harten zapfenartigen Früchte von *Banksia grandis* werden von Drechslern verarbeitet. Häufig werden auf Weihnachtsmärkten Kerzenhalter oder Kugeln angeboten, die aus den Zapfen gefertigt wurden. Die Löcher entsprechen den geöffneten, angeschnittenen Bälgen. Auch Eukalyptus und Riesen-Mammutbaum (*Sequoiadendron giganteum*) sind Pyrophyten.

Aus den derben Blütenständen von Banksien (hier *Banksia integrifolia*) entwickeln sich feuerfeste Sammelbalgfrüchte. (HST)

Halbierter „Zapfen“ von *Banksia grandis* mit Innen- und Außenseite. (HST)

Samen und Vermehrung

166 Welches Gewächs bildet den größten Samen im Pflanzenreich?

Die Samen der Seychellennusspalme (Coco de Mer, *Lodoicea maldivica*) sind die größten Samen im Pflanzenreich. Diese seltene Palme wird 25 m hoch und bis 800 Jahre alt. Nur auf zwei Inseln (Praslin und Curieuse) der Seychellen kommt die zweihäusige Seychellennusspalme vor, da ihre keimfähigen Früchte nicht schwimmen können. Die großen, etwa 20 kg schweren Früchte bilden sich unter dem Blattschopf. Nur Kürbisse können noch größer und schwerer werden. Die Früchte enthalten meist nur einen zweilappigen, an einen Unterleib erinnernden Steinkern mit dem Samen, die sogenannte Seychellennuss. Form und Größe des Samens entspricht dem Steinkern, der Same liegt der relativ dünnen Steinschale dicht an. Auf den Seychellen werden taube Seychellennüsse nur mit Zertifikat für die legale Ausfuhr und sehr teuer, oft für mehrere hundert Dollar, als Souvenir angeboten.

Zwei Seychellennüsse und rechts daneben ein männlicher Blütenstand der Coco de Mer. (HST)

167 Warum haben eigentlich die Orchideen so kleine Samen?

Orchideen bilden die kleinsten Samen im Pflanzenreich. Sie sind staubfein und manche sind nur ungefähr 0,000002 g leicht. Der Same fast aller Orchideenarten enthält kein Nährgewebe und der Embryo ist stark reduziert. Die Zellen der Samenschale der meisten Orchideen sind luftgefüllt, sodass die Samen mit dem Wind durch die Luft über viele Kilometer ausgebreitet werden können. Eine Orchideenkapsel enthält unglaubliche Mengen dieser winzigen Samen: Mehrere Hunderttausende sind keine Seltenheit, die Vanillekapsel enthält etwa 90.000 Samen. Es ist sinnvoll, dass Orchideen so viele Samen bilden, denn nur ein kleiner Teil findet adäquate Bedingungen, die aus dem Samen eine Orchidee werden lassen. Erstens muss der Keimling schon während der Keimung einen passenden Pilz finden, der mit ihm eine Symbiose eingeht und so zur Ernährung beiträgt, da der Same keinen eigenen Nährstoffvorrat bereithält. Zweitens gibt es unter den tropischen Orchideen viele Aufsitzerpflanzen (Epiphyten), die zum Beispiel in Astgabeln auf Bäumen siedeln. Aber nur durch Zufall landet einer von sehr vielen Samen dort, nachdem er eine Weile durch die Luft gereist ist.

168 Was hat die Taguanuss mit Elefanten zu tun?

Tagua- oder Steinnüsse sind die Samen der in Ecuador heimischen Tagua- oder Steinnusspalme (*Phytelephas macrocarpa*). Sie sind ein schönes Beispiel dafür, dass Nährgewebe mancher Samen steinhart werden kann. Die unbearbeiteten Samen (Steinnüsse, Taguanüsse) dieser Palme sind außen rau und braun. Werden sie abgeschliffen und poliert, bekommen sie einen Glanz und werden zunehmend hell. Beim Schleifen erscheint zunächst ein braunes Muster auf ihrer Oberfläche, das durch Auswüchse der dunklen Samenschale in das Nährgewebe hinein zustande kommt. Durch weiteres Be-

Schnitzerei aus einer Taguanuss, unten ein kaum abgeschliffener Same. (HST)

arbeiten werden die Steinnüsse rein elfenbeinfarben. Farbe und Konsistenz erinnern an die Stoßzähne von Elefanten (gr. phyton = Pflanze, elephas = Elefant), weshalb die Samen auch als vegetabilisches oder vegetabiles Elfenbein bezeichnet werden. Früher wurden auch bei uns Knöpfe aus Taguanüssen verwendet. In Ecuador schnitzt man aus den Samen Figuren oder fertigt Schmuck. In Erbach im Odenwald sind die dort traditionell ansässigen Elfenbeinschnitzer seit dem Verbot der Verwendung von Elefanten-Elfenbein auf Ersatzmaterialien wie Mammut-Elfenbein und Taguanüsse umgestiegen. Hier wird u. a. hochwertiger Schmuck aus den Palmensamen hergestellt.

169 Warum sind die Samen der Schmetterlingsblütler so reich an Proteinen?

Während bei den meisten Arten das Nährgewebe für den Embryo reich an Kohlenhydraten, Fetten und Ölen ist, sind Schmetterlingsblütler in der Lage, auch in einem hohen Maße Proteine in das Nährgewebe einzulagern. Dies ist insofern erstaunlich, da ein Hauptbestandteil der Proteine das Element Stickstoff ist. Stickstoff ist für Pflanzen ein wichtiges Hauptnährelement, das besonders für das vegetative Wachstum der Pflanze von großer Bedeutung

Saubohne (*Vicia faba*); proteinreiche Samen (links); Wurzelknöllchen (rechts). (VMD)

ist. Deswegen beeinflusst die Verfügbarkeit von Stickstoff entscheidend das Wachstum einer Pflanze. Aber warum können Schmetterlingsblütler sich erlauben, so „verschwenderisch“ mit dem Element Stickstoff umzugehen, wenn es doch auch „kostengünstiger“ geht? Die Antwort liegt unter der Erde im Wurzelbereich verborgen: Der Großteil der Schmetterlingsblütler lebt symbiontisch mit Luftstickstoff fixierenden Bakterien. Die Bakterien befinden sich in speziellen Wurzelknöllchen, die an den Feinwurzeln sitzen. Hier überführen sie atmosphärischen Stickstoff (N2) in pflanzenverfügbare Formen wie Ammonium ($NH4^+$). Das dafür notwendige Enzym (Nitrogenase) ist sauerstoffempfindlich, weshalb die Stickstofffixierung nur unter speziellen, kontrollierbaren Bedingungen in den knöllchenartigen Strukturen möglich ist. Aufgrund dieser Symbiose können sich viele Schmetterlingsblütler auch erfolgreich auf stickstoffarmen Rohböden etablieren. Zudem sind sie in der Lage, in den Samen die Embryonen mit einem proteinreichen Nährgewebe auszustatten, da aufgrund dieser Symbiose niemals Stickstoffmangel in der Pflanze auftritt.

170 Warum sind die Samen der Tomate so schleimig?

In den Beeren der Tomate findet man eine Besonderheit: Hier verschleimt die Samenschale und überzieht den Samen mit einer glibberigen Schicht. Dadurch wird verhindert, dass die Samen schon im feuchten Milieu der Frucht

Links: Querschnitt durch die saftige Beerenfrucht der Tomate; Samen mit schleimiger Myxotesta. (VMD); rechts: Frucht der Blaugurke (*Decaisnea fargesii*). (VMD)

auskeimen. Will man aus eigenen Tomatenfrüchten den Samen für eine Aussaat gewinnen, können die Körner auf Haushaltspapier abgestreift werden. Auf dem Papier trocknen die Samen schnell ein und die Schleimschicht zersetzt sich. Sollten sich die trockenen Samen nicht vom Papier lösen, können sie auch mit dem anhaftenden Papier ausgesät werden. Ähnlich glibberig sind die Früchte der Blaugurke. Diese Gurken haben nicht zu tief ins Glas geguckt, dass sie blau wurden. Der aus China stammende Zierstrauch *Decaisnea fargesii* ist gar keine echte Gurke, sondern gehört zur Familie der Fingerfruchtgewächse (Lardizabalaceae). Die blauen Balgfrüchte wirken äußerlich zwar giftig, das gallertige Fruchtfleisch ist aber essbar und schmeckt fruchtigsüß.

171 Können Pflanzen lebendgebärend sein?

Es gibt tatsächlich Pflanzen, die als lebendgebährend (vivipar) bezeichnet werden. Ein klassisches Beispiel für Viviparie sind Mangrovepflanzen, die weltweit an tropischen Küsten im Mün-

Links: Ausgekeimter Embryo auf einer *Bruguiera*-Pflanze (HST), rechts: austreibende Brutzwiebel im Blütenstand des Alpen-Rispengrases. (VMD)

dungsbereich von Flüssen vorkommen. Je nach Region sind hier verschiedene Gattungen vertreten, darunter *Rhizophora* und *Bruguiera*. Der einzige Same keimt bereits in der Frucht, die noch an der Mutterpflanze hängt. Der Keimling besteht fast nur aus dem Hypokotyl, also dem Bereich zwischen dem Wurzelhals und der Ansatzstelle der Keimblätter, und kann je nach Art bis 50 cm lang werden. Der Vorteil des zigarren- bis torpedoförmigen Keimlings ist, dass sich der Keimling, wenn er irgendwann von der Pflanze fällt, in den Schlamm einrammen und dort wurzeln kann, ohne vom stark bewegten Wasser im Einflussbereich der Gezeiten weggeschwemmt zu werden. Andererseits kommt es vor, dass Keimlinge, die nicht gleich Fuß fassen konnten, mit der Meeresströmung an entfernte Strände gespült werden, wo sie letztlich festwachsen können.

172 Gibt es neben der sexuellen Vermehrung auch eine ungeschlechtliche?

Neben der sexuellen Vermehrung mittels Blüten (Bestäubung und Befruchtung) kommt bei vielen Pflanzen zudem die Möglichkeit einer ungeschlechtlichen, vegetativen Vermehrung hinzu. Das kann zum Beispiel über sterile Achselknospen erfolgen, die zu Brutzwiebeln (Bulbillen) umgebildet werden. Zur Reife fallen die Bulbillen ab, wurzeln und treiben durch. Dies ist in der heimischen Flora zum Beispiel bei der Zwiebel-Zahnwurz (*Dentaria bulbifera*) oder einigen Lilienarten der Fall. Bei Arten wie dem Scharbockskraut (*Ficaria verna*) werden ebenfalls sterile Seitenachsen zu Brutknollen umgebildet. Bei einigen Gräsern wie dem Alpen-Rispengras (*Poa alpina* subsp. *vivipara*) werden in den Blütenständen anstelle von Blüten Brutzwiebeln gebildet, die noch im Blütenstand zu Schösslingen heranwachsen und später von der Mutterpflanze abfallen. Bei Brutblatt-Arten (*Kalanchoe*) bilden

Blattachselständige Brutzwiebeln bei der Zwiebel-Zahnwurz (*Dentaria bulbifera*). (VMD)

sich am Rand der Blätter zahlreiche Brutkörper, die bereits am Blatt zu kleinen Pflanzen inklusive Wurzel heranwachsen und sich irgendwann von der Mutterpflanze trennen. Generell können sich zahlreiche verschiedene Arten durch Teile von Blättern und Sprossachsen oder durch die Bildung von Ausläufern, Kindeln oder Tochterzwiebeln ungeschlechtlich vermehren. Bei dieser Art der ungeschlechtlichen Vermehrung wird das eigene Erbgut komplett weitergegeben und es entstehen mit der Mutterpflanze genetisch identische Klone.

173 Können sich in Blüten Samen ohne Befruchtung bilden?

Prinzipiell gibt es zwei Möglichkeiten der ungeschlechtlichen Vermehrung (Apomixis): Erstens durch Bildung neuer Pflanzen aus ungeschlechtlichen Körperzellen (z. B. Erdbeere mit Ausläufern). Zweitens können Samen auch ohne Geschlechtsvorgänge entstehen (Agamospermie). Dabei gibt es verschiedene Varianten. Eine davon besteht darin, dass bei der Bildung der Eizelle keine Reduktionsteilung (Meiose) stattfindet und sie statt eines normalerweise einfachen, einen doppelten Chromosomensatz aufweist. Sie be-

Innerhalb der Gattung *Hieracium* gibt es viele Apomikten. (HST)

nötigt folglich keine Befruchtung, bei der der einfache männliche Chromosomensatz (aus dem Pollenkorn) mit dem einfachen der Eizelle zu einem doppelten Chromosomensatz verschmilzt. Prinzipiell sind alle Nachkommen solcher apomiktischer Arten genetisch mit der Mutterpflanze identisch. Dennoch gibt es ein gewisses Maß an Variabilität. Eine Möglichkeit wäre, dass es beispielsweise gelegentlich zu Mutationen in denjenigen Zellen kommen kann, aus denen bei Apomikten die Eizellen entstehen. Daraus folgen leicht veränderte Merkmale, die sich über Generationen anhäufen können, da sich prinzipiell die Nachkommen ja nur wenig verändern. Löwenzahn (*Taraxacum*), Habichtskraut (*Hieracium*), Brombeere (*Rubus*) und Gold-Hahnenfuß (*Ranunculus auricomus*) sind Beispiele für apomiktische Arten mit Samenbildung. Kleinere Unterschiede verschiedener Populationen führten zur Definition von Kleinarten, die oft nur schwer und meist nur von Spezialistinnen und Spezialisten unterschieden werden können.

174 Beeinflusst Licht die Keimung?

Die Samenkeimung ist ein relativ komplizierter Vorgang, der auf einem komplexen Zusammenspiel von externen Umweltfaktoren wie Temperatur, Licht, Feuchtigkeit sowie sameninternen physiologischen Stoffwechselprozessen beruht. Auch wenn der Same von einer mehr oder weniger festen Schale (Testa) umgeben ist, hat auch das Licht einen immensen Einfluss auf den Prozess der Samenkeimung. Prinzipiell können Licht- und Dunkelkeimer unterschieden werden, wobei die Licht-Wahrnehmung über Sensorpigmente des Embryos erfolgt. Die Pigmente beeinflussen und regulieren auf molekularer Ebene die Entwicklungsabläufe in der Pflanze, darunter auch die Keimung. Bei den Licht- oder Hellkeimern erfolgt die Samenkeimung nur, wenn die Samen nicht im Boden „beerdigt" sind (z. B. Kopfsalat, Tomate). Bei den Dunkelkeimern startet die Keimung erst unter „dunklen" Bedingungen. Daher ist es wichtig, dass die Samen von Dunkelkeimern (z. B. Sonnenblume, Lupine) in den dunklen Boden gelangen. Ob eine Art ein Licht- bzw. Dunkelkeimer ist, muss in der Landwirtschaft sowie im Gartenbau bei der Aussaat unbedingt berücksichtigt werden.

175 Welche Arten der Keimung gibt es?

Wenn die Umweltbedingungen (z. B. Licht, Temperatur und Feuchtigkeit) stimmen, keimen die Samen: Die Samenschale platzt auf und die Keimwurzel, das Hypokotyl (= erster Sprossabschnitt zwischen Wurzelhals und Keimblättern) bzw. des Epikotyls (= Sprossabschnitt zwischen Keim- und Primärblättern) verlassen das Samenkorn. Es gibt zwei unterschiedliche Formen der Keimung: Bei der epigäischen Keimung (z. B. Rot-Buche) verbleiben die Keimblätter nicht im Samen. Sie werden durch eine starke Verlängerung des Hypokotyls freigesetzt und dem Licht entgegengescho-

Keimungstyp: Hypogäische Keimung der Stiel-Eiche (*Quercus robur*); (VMD)

ben. In der Regel sind die Keimblätter grün und damit die ersten fotosynthetisch aktiven Blätter der Pflanze. Die Form der Keimblätter unterscheidet sich meist deutlich von den nachfolgenden Primär- bzw. Folgeblättern. Bei der hypogäischen Keimung (z. B. Eiche) verbleiben die Keimblätter aufgrund extremer Stauchungen des Hypokotyls im Samen. Hier dienen die chlorophyllfreien, bleichen Keimblätter ausschließlich der Nährstoffspeicherung bzw. der Nährstoffaufnahme aus dem Nährgewebe des Samens. Bei diesem Keimungstyp ist der erste Sprossabschnitt, der den Samen verlässt, das Epikotyl. Die ersten fotosynthetisch aktiven Blätter sind hier die Primärblätter.

Keimungstyp: Epigäische Keimung der Rot-Buche (*Fagus sylvatica*). (VMD)

Im Garten

Zier- und Nutzpflanzen, Pflanzenverwendung

176 Warum ist Vorsicht am Diptam geboten?

Diptam (*Dictamnus albus*) ist mit seinen großen rosa Blüten eine der attraktivsten heimischen Wildpflanzen überhaupt. Als Vertreter der Rautengewächse (dazu gehört auch *Citrus*) ist Diptam sehr aromatisch und enthält reichlich ätherische Öle. Diese werden in Öldrüsen gebildet, die sich überall an der Pflanze befinden, auch im Blütenbereich am Stempel und an den Staubfäden. An warmen Sommertagen setzen die Pflanzen, vor allem auch die unreifen Fruchtstände, reichlich ätherisches Öl frei, wobei das brennbare Gas Isopren entsteht. Da es schwerer als Luft ist, sinkt es nach unten. Wird ein Feuerzeug unterhalb des Blütenstandes entzündet, bildet sich eine kleine Stichflamme, die aber schnell wieder erlischt. In der Natur kann es aber auch zur Selbstentzündung kommen, was eventuell die Vorlage für den brennenden Feuerbusch in der Bibel war. Diptam enthält außerdem fototoxisch wirksame Stoffe, die die Haut für UV-Strahlung empfindlich machen. Nach Berührung der Blätter oder der Blüten- bzw. Fruchtstände kann es bei Sonnenlichteinwirkung auf der Haut zu schweren Verbrennungssymptomen mit Blasenbildung kommen.

Blühender Diptam (*Dictamnus albus*). (HST)

177 Warum sind an Forsythien fast nie Bienen zu sehen?

Die überwiegend aus China stammenden Forsythien sind beliebte frühblühende Sträucher für Parks und Gärten, die blühenden Zweige fehlen in kaum einem Osterstrauß. Forsythien sind robust und öffnen im Frühjahr ihre leuchtend gelben Blütenglocken. Doch fast nie sind Insekten an den Blüten zu sehen. Das liegt vermutlich daran, dass es sich bei fast allen Garten-Forsythien um Hybriden handelt, deshalb auch das „×“ im wissenschaftlichen Namen *Forsythia × intermedia*. Hybriden sind oft steril und setzen keine Samen an, so auch die Forsythien, weshalb sie bei uns nur über Stecklinge vermehrt werden. Die Sterilität zeigt sich auch in den Blüten, die meist weder fruchtbaren Pollen noch Nektar bilden. Dementsprechend bieten die Blüten für Insekten keine Nahrung, weshalb sie im Gartenbau als „trocken“ bezeichnet werden. Sollten doch einmal einzelne Insekten an den Blüten gesichtet werden, haben sie vermutlich noch nicht gelernt, dass es hier nichts zu holen gibt. Wer unbedingt Forsythien im Garten mag, sollte sie mit anderen Sträuchern, die den Insekten tatsächlich Nahrung bieten, kombinieren. Die Forsythiensorte ‘Beatrix Forrand‘ ist eine Ausnahme mit Blüten, die Insekten Nahrung liefern. Für die Raupen des Ligusterschwärmers sind Forsythien nützlich, denn sie fressen außer Ligusterblättern auch Forsythienblätter. Beide Pflanzen gehören zu den Ölbaumgewächsen und haben für die Raupen wohl einen ähnlichen Geschmack.

178 Welche Dahlien eignen sich für einen Naturgarten?

Die Blütenköpfchen der Dahlie enthalten in ihrem Inneren fertile Röhrenblüten mit Fruchtknoten und Staubblättern. In diesen Blüten finden Insekten Pollen und Nektar als Nahrung. Außen sind die Köpfchen von strahligen auffälligen Zungenblüten diverser Farben umgeben, sodass der Eindruck einer großen Einzelblüte entsteht. Unter den vielen Sorten der Garten-Dahlien gibt es auch gefülltblumige wie die bekannten Ball- und Pompondahlien. Hier sind die Zungenblüten vermehrt vorhanden und tütenförmig eingerollt, während Röhrenblüten fehlen. Diese Dahlien haben zwar ihre optischen Reize, sind für Insekten aber Mogelpackungen, weil sie hier weder Pollen noch Nektar finden. Für einen insektenfreundlichen Naturgarten sind deshalb ungefüllte Sorten mit zentralen Röhrenblüten zu bevorzugen. Sehr dankbar sind zum Beispiel Stern-Dahlien, die bis zum ersten Frost noch von spät im Herbst aktiven Insekten wie Hummelköniginnen und Admiralen reichlich aufgesucht werden.

Blütenköpfchen der Stern-Dahlie. (HST)

179 Welche Pflanzen mit graublauen Blütenständen sind bei diversen Insekten besonders beliebt?

Ein Muss für einen insektenfreundlichen Garten sind Edeldisteln oder Mannstreu (*Eryngium*). Verschiedene Arten eignen sich für sonnig-trockene Standorte, darunter die heimische Feld-Mannstreu (*Eryngium campestre*) oder die besonders attraktive, etwa 1 m hohe Große Edel- bzw. Elfenbeindistel (*Eryngium giganteum*) aus dem Kaukasus und dem Iran. Trotz ihres distelartigen Erscheinungsbildes handelt es sich bei *Eryngium* nicht um einen Korbblütler wie die Disteln, sondern um einen Doldenblütler mit gestauchtem Blütenstand. Die Elfenbeindistel wurde um 1800 in Europa als Zierpflanze eingeführt. Die Art versamt sich leicht, in England ist sie als pflanzlicher Neubürger (Neophyt) weit verbreitet. Dort wird sie als „Miss Willmott's Ghost" bezeichnet, weil die gleichnamige Lady und begeisterte Gärtnerin ELLEN WILLMOTT (1858–1934) bei Gartenbesuchen heimlich Samen verstreute, aus denen dann wie von Geisterhand überall Pflanzen aufwuchsen. *Eryngium giganteum* zieht wie andere Edeldisteln diverse Insekten stark an. Die Blütezeit reicht bis in den August, die alten, von stechenden Hochblättern umgebenen Blütenstände eignen sich als Trockenblumen.

Elfenbeindistel (*Eryngium giganteum*) mit regem Hummelbesuch. (HST)

180 Im Garten schon mal eine Yucca mit Früchten gesehen?

Eigentlich sollte das unwahrscheinlich sein. Palmlilien (*Yucca*) sind im Westen von Nordamerika bis nach Mexiko verbreitet. Dort werden sie von speziellen Yucca-Motten (*Tegeticula* und *Parategeticula*) bestäubt, die bisher noch nicht für Europa nachgewiesen wurden. Die kurzlebigen Weibchen der Yucca-Motten können keine Nahrung aufnehmen. Ihre Mundwerkzeuge und Vorderbeine sind darauf spezialisiert, Pollen der Yucca zu sammeln und zu einem Ballen zu formen, den sie anschließend in die hohle Narbe einer anderen Blüte stopfen. Die Yucca-Motte sorgt also gezielt für Fremdbestäubung, eine Selbstbestäubung ist bei *Yucca* also nicht möglich. Anschließend legt das Weibchen ihre Eier in den Fruchtknoten und die Larven ernähren sich von einem Teil der heranreifenden Samen. Es bleiben aber immer noch genug Samen übrig, aus denen sich neue Yucca-Pflanzen entwickeln können. Einen Frucht- und Samenansatz bei angepflanzten *Yucca*-Exemplaren kann man gelegentlich auch in Südeuropa beobachten, nur selten dagegen in Mitteleuropa. Yucca-Motten sind hier nicht die Bestäuber, vielleicht erfolgt die Bestäubung zufällig durch Wind, Ameisen, Bienen oder andere Blütenbesucher. Ob die zunehmend trocken-heißen Sommer mit dem in letzter Zeit häufiger beobachteten Fruchtansatz in Verbindung zu bringen sind, bleibt zu beobachten.

Palmlilie (*Yucca filamentosa*) mit Früchten. (HST)

181 Wie „gärtnert“ das Alpenveilchen?

Gärtnerinnen und Gärtner säen ihre Pflanzen aus, indem sie die Samen behutsam auf die Erde legen oder sie sogar in ihr versenken. Der Keimling trifft dann sofort auf gute Wachstumsbedingungen und kann mit seinen ersten Wurzeln Wasser und Nährstoffe aus dem Boden aufnehmen. Auch das Alpenveilchen (*Cyclamen*) versenkt aktiv seine Frucht mit den Samen im Boden. Die Blüten werden einzeln an aufrecht stehenden Stielen gebildet. Nach der Befruchtung wächst der Stiel weiter, allerdings auf jeder Seite unterschiedlich stark, sodass er sich spiralförmig einrollt und sich Richtung Boden wendet. Dabei wird die Kapsel auf oder später sogar etwas in den Boden gedrückt. Erst dann öffnet sie sich und entlässt die Samen.

Vorfrühlings-Alpenveilchen (*Cyclamen coum*), Früchte mit eingerollten Stielen. (HST)

182 Gibt es Rosen mit blauen oder grünen Blüten?

Blaue Rosen nein, es sei denn, man zählt Rosen dazu, die künstlich blau gefärbt wurden. Rosen mit rein blauen Blüten ließen sich dagegen bisher noch nicht züchten. Die Bildung eines rein blauen Blütenfarbstoffes ist nicht möglich. Bei diversen Züchtungen wurden bisher nur lila-, lavendel-, oder fliederfarbene Töne erzielt. Trotzdem wurden Rosen mit solchen Farben als blaue Rosen bezeichnet. Die leicht fliederfarbene bekannte Sorte 'Mainzer Fasnacht' ('Blue Moon') entstand bereits 1964. Andere blaue Rosen tragen Namen wie 'Novalis' oder 'Rhapsody in Blue'. Jedenfalls ist die Schaffung einer blauen Rose noch immer eine Herausforderung für Rosenzüchter und noch nicht perfekt gelungen. Eine grüne Rose (*Rosa chinensis* 'Viridiflora') gibt es tatsächlich. Sie ist eine Kuriosität und gilt manchmal als die hässlichste Rose überhaupt. Durch eine Mutation sind die Blütenblätter laubblattartig geworden. Sie sind grün gefärbt mit rötlichem Hauch und betreiben Fotosynthese.

Grüne Rose (*Rosa chinensis* 'Viridiflora') (links) und Blaue Rose 'Novalis' (rechts). (HST)

183 Stinken eigentlich die Blüten der Stinkenden Nieswurz?

Der deutsche Name für dieses Hahnenfußgewächs ist die wörtliche Übersetzung von *Helleborus foetidus* (lat. foetidus = stinkend). Bei dieser Bezeichnung wäre es durchaus denkbar, dass die Blüten stinken. Dies ist aber eigentlich nicht der Fall. Manche behaupten, dass die Blätter stinken und dass sich der Name darauf bezieht. Aber auch das ist Ansichtssache, ob der etwas strenge Duft, der beim Zerreiben der Blätter frei wird, schon als Gestank zu bezeichnen ist. Die wichtigsten Bestäuber sind Bienen und Hummeln, die schon frühzeitig im Vorfrühling unterwegs sind, wenn auch die Stinkende Nieswurz blüht. Diese frühen Insekten mögen genauso wenig wie wir aasartige oder andere unangenehme Blütendüfte, sondern bevorzugen süßlich-blumigen Duft. Die Blüten von *Helleborus foetidus* duften allerdings kaum wahrnehmbar. Stattdessen werden die Insekten optisch von den grünen glockenförmigen Blüten mit rotem Rand angelockt. Schlauchförmige Nektarblätter bilden Nektar, mit dem die Insekten verköstigt werden. Durch natürlich vorkommende Hefen wird ein Teil des Zuckers im Nektar vergoren. Dabei entsteht Wärme, sodass es in der Blüte kuschelig warm wird, was die Insekten an den noch etwas kühlen Vorfrühlingstagen lieben. Der Preis: Der Nektar enthält relativ wenig Zucker und schmeckt deshalb nicht so süß.

Blüten der Stinkenden Nieswurz (*Helleborus foetidus*). (HST)

184 Macht der Keuschlammstrauch wirklich keusch?

Blühender Mönchspfeffer (*Vitex agnus-castus*). (HST)

Der Mönchspfeffer (*Vitex agnus-castus*), auch Keuschlammstrauch, ist ein bis vier Meter hoher Strauch aus der Familie der Lippenblütler, zu denen auch Salbei gehört. Er ist vom Mittelmeergebiet bis nach Asien an feuchten Flussufern verbreitet und auch ein für unsere Gärten geeigneter Zierstrauch. Seine fünf- bis siebenzähligen, handförmigen Blätter erinnern an Hanf. Noch bis in den Spätsommer entwickeln sich die kleinen blauen Blüten in ährenförmigen Blütenständen, die aus der Ferne etwas an den Sommerflieder erinnern. Die kleinen dunkelbraunen kugeligen Früchte schmecken aromatisch und können wie Pfeffer verwendet werden. Sie sollen antiaphrodisierende Wirkung haben. Mönchspfeffer wurde deshalb häufig in Klostergärten kultiviert, damit sich die Mönche von der „fleischlichen Liebe“ fernhalten. Als Heilpflanze für Frauen hilft der Mönchspfeffer aber auch bei Menstruationsschmerzen und unregelmäßiger Blutung. *Vitex*-Extrakte werden zudem gegen Unfruchtbarkeit eingesetzt.

185 Warum waren geflammte Tulpen einst eine Kostbarkeit?

Tulpen waren im 17. Jahrhundert sehr beliebt, sodass es in dieser Zeit zur „Tulpomanie“ kam. Tulpenblüten bestimmter Farbmuster symbolisierten Exotisches und Wertvolles. Denn Tulpen sind keine heimischen Pflanzen, sondern stammen aus dem Mittelmeergebiet und vor allem aus West- und Zentralasien. Direkt aus Konstantinopel gelangten Tulpen nach Wien, wo sie vom kaiserlichen Hofgärtner CHARLES DE L'ÉCLUSE (CLUSIUS) kultiviert wurden. Größeren Bekanntheitsgrad erreichten Tulpen, als CLUSIUS 1598 einen Ruf als Professor nach Leiden bekam und seine Tulpensammlung mitnahm. Fremdländische Tulpen wurden in Prachtgärten kultiviert. Holland erlebte Anfang des 17. Jahrhunderts, vor allem in den 1630er-Jahren, einen Tulpenrausch, der mit einem Börsenkrach von 1637 abrupt gestoppt wurde; die Tulpe wurde zum Spekulationsobjekt. Es wurde auf Farben und Musterung der Blüten sowie das Gewicht der Zwiebeln gewettet. Für manche Zwiebeln wurden astronomische Summen bezahlt. Besonders hoch gehandelt wurde die Tulpensorte 'Semper Augustus' mit weißrot geflammten, d. h., unregelmäßig zweifarbig gestreiften Blütenblättern. Die Farbaufteilung in den Blüten dieser Sorte ist zufälliger Natur und nicht vorausschaubar. Auch MARIA SIBYLLA MERIAN war von dieser Tulpe fasziniert und zeichnete sie. Hätte man früher gewusst, dass das Farbmuster dieser Tulpe durch einen Befall mit dem Mosaikvirus verursacht wird, die Tulpe somit eigentlich krank ist, hätte man sie damals vielleicht nicht zu solch hohen Preisen gehandelt. Heute werden 'Semper Augustus'-Tulpen nicht mehr kultiviert.

Ungleichmäßig gestreifte Tulpen werden auch heute noch angeboten. (HST)

186 Wie kann der Kapokbaum Leben retten?

Ähnlich wie es von Pappeln (*Populus*) und Weiden (*Salix*) aus der heimischen Flora bekannt ist, sind die Samen des tropischen Kapokbaums (*Ceiba pentandra*) üppig von Haaren umgeben. Die Kapok-Haare werden aber nicht von der Samenschale gebildet, sondern von der innersten Schicht der Fruchtwand. Öffnet sich die Frucht, lösen sich die Haare von der Fruchtwand und werden flockenartig zusammen mit den Samen freigesetzt. Diese Samenwolle sorgt dafür, dass die Samen über große Entfernungen durch den Wind ausgebreitet werden.

Im Unterschied zur Baumwolle (*Gossypium*) eignen sich die Samenhaare des Kapokbaums nur bedingt zur Herstellung von Stoffen, denn sie sind hohl und luftgefüllt und deshalb sehr leicht, außerdem wachsbereift. Wegen dieser Eigenschaften werden die Samenhaare heutzutage immer noch vielfach als Füllung in Schwimmwesten und Rettungsringen verwendet, da die leichten Fasern einen Auftrieb im Wasser bedingen. Wegen der Wachsbereifung sind die Fasern zudem nicht mit Wasser benetzbar.

Aufplatzende Früchte des Kapokbaums (*Ceiba pentandra*). (HST)

187 Wie gewinnt man das Johanniskrautöl aus Johanniskrautblüten?

Das Tüpfel-Johanniskraut (*Hypericum perforatum*) ist ein mehrjähriges Kraut. Auf den Rändern der kräftig gelben Blütenblätter und auf den Blättern befinden sich schwarze Drüsenschuppen. Werden die Blütenblätter zwischen den Fingern zerrieben, wird ein roter Saft freigesetzt, der Johannisblut genannt wird. Johanniskraut eignet sich auch für einen Kräutergarten. Wer das Kraut nutzen möchte, sollte die Blüten am Johannistag (24. Juni) sammeln. In einen Liter Olivenöl werden drei Hände voll Johanniskrautblüten gegeben, das anschließend in einer verschlossenen Flasche etwa drei Wochen auf eine sonnige Fensterbank gestellt wird. Danach wird das Öl durchgeseiht und erneut mit frischen Blüten versetzt. Nach weiteren zwei Wochen wird das Öl dunkelrot und nach erneutem Durchseihen kann es verwendet werden. Charakteristischer Inhaltsstoff ist das rote Hypericin. Allerdings macht Johanniskrautöl die Haut lichtempfindlich, weshalb man bei seiner Verwendung einen ungeschützten Aufenthalt in starkem Sonnenlicht vermeiden sollte.

Johanniskrautblüten färben beim Zerdrücken die Finger rot. (HST)

188 Können Steine blühen?

Natürlich können echte Steine nicht blühen, jedoch diejenigen Pflanzenarten, die unter dem Sammelbegriff „Lebende Steine“ zusammengefasst werden. Dieser umfasst eine Vielzahl von Arten aus der Familie der Mittagsblumengewächse (Aizoaceae), sie werden zum Beispiel den Gattungen *Argyroderma*, *Conophytum*, *Fenestraria*, *Frithia*, *Gibbaeum*, *Lithops* und *Pleiospilos* zugeordnet. Eindeutige deutsche Namen gibt es für sie nicht. Aufgrund ihres Habitus in Verbindung mit einer entsprechenden Blattfarbe vermitteln diese Pflanzen den Eindruck eines Kieselsteins, daher die umgangssprachliche Bezeichnung „Lebende Steine“. Der wissenschaftliche Name der Gattung *Lithops* leitet sich von den griechischen Wörtern *lithos* (= Stein) und *opsis* (= Aussehen) ab. Am sehr trocken-heißen Naturstandort ist dieses steinartige Erscheinungsbild eine wichtige Überlebensstrategie, denn die hochsukkulenten Pflanzen sind eine potenzielle Wasserquelle für Pflanzenfresser. Weil sie im nichtblühenden Zustand optisch in ihrer Umgebung nicht als Pflanzen wahrgenommen und folglich leicht übersehen werden, werden sie nicht gefressen. Lebende Steine sind ein exzellentes Beispiel für pflanzliche Mimese, da hier ein Erscheinungsbild entstanden ist, das sich in Form und Färbung dem Gestein der Umgebung optimal angepasst hat. Dies bietet Lebenden Steinen einen entscheidenden Überlebensvorteil gegenüber anderen Pflanzen des selben Habitats.

Zwischen Kieselsteinen wachsende Lebende Steine sind gut getarnt. (VMD)

189 Warum weint der Korallenbaum?

Der ursprünglich in Südamerika beheimatete Korallenbaum (*Erythrina crista-galii*) ist ein Schmetterlingsblütler. Im Unterschied zu unseren heimischen Vertretern dieser Familie, die allesamt insektenbestäubt sind, erfolgt bei Korallenbäumen die Bestäubung vor allem durch Nektar trinkende Vögel. Als Anpassung an die Vogelbestäubung sind die Blüten im Vergleich mit „herkömmlichen" Schmetterlingsblüten um 180° gedreht, um einen besseren Anflug und Zugang ins Blüteninnere zu gewährleisten. Zudem sind die Blüten wie für viele vogelbestäubte Arten meist auffällig rot gefärbt und produzieren enorme Mengen an Nektar. Die Nektarproduktion ist so reichlich, dass schon beim leichten Schütteln der Zweige der Nektar wie kleine Tränen aus den Blüten heraustropft. Es sieht aus, als ob die Blüten weinen würden. Auf dieses Phänomen nimmt auch die volkstümliche Bezeichnung „Cry baby tree" für Korallenbäume Bezug.

Blütenstand des Korallenbaums (*Erythrina crista-galii*). (VMD)

In der Küche

190 Ess- und Rosskastanien, beides Samen?

Beide Kastanien-Arten sind uns wohlvertraut: Die Ess-Kastanie oder Marone (*Castanea sativa*) darf in gerösteter Form auf keinem Weihnachtsmarkt fehlen. Rosskastanien (*Aesculus hippocastanum*) dagegen sind roh für den Menschen ungenießbar, werden aber von Tieren gefressen. Beide Kastanien sind in grünen stacheligen Kugeln eingeschlossen. Bei der Rosskastanie sind die stacheligen Früchte Kapseln, die beim Herunterfallen vom Baum aufspringen und meist einen, seltener drei glänzendbraune Samen entlassen. Die stachelige Hülle der Ess-Kastanien ist dagegen keine Fruchtwand, denn sie hat sich aus einer nicht zum Fruchtknoten gehörenden schuppigen Scheide gebildet. Die drei braunen Ess-Kastanien innerhalb der stacheligen Schale sind Nussfrüchte, also keine Samen. An ihrem zugespitzten Ende bleiben verholzte Reste der Narben erhalten.

191 Gibt es schwarze Hagebutten?

Schwarze Hagebutte, sieht giftig aus, ist aber essbar. (HST)

Hagebutten, die Früchte der Rosen, haben ganz unterschiedliche Größen und Formen: von kugelig bis flaschenförmig. Am oberen Ende bleibt der Kelch mehr oder weniger erhalten. Mit Hagebutten verbinden viele Menschen eine orangerote Farbe, so, wie es auch im bekannten Kinderlied „Ein Männlein steht im Walde" von AUGUST HEINRICH HOFFMANN VON FALLERSLEBEN besungen wird. Die rote Farbe beruht auf Carotinoiden, die auch der Möhre ihre leuchtende Farbe verleihen. Daneben sind ebenso blauviolette Anthocyane vorhanden. In hoher Intensität können Anthocyane eine violettschwarze Färbung verursachen und das Rot überdecken. Schwarze Hagebutten bildet die Bibernell- oder Dünenrose (*Rosa pimpinellifolia*), deren Früchte durchaus essbar sind, obwohl sie wegen ihrer ungewöhnlichen Färbung einen giftigen Eindruck vermitteln.

192 Die Avocado – großer Kern, aber warum ist sie dennoch keine Steinfrucht?

Auf den ersten Blick vermittelt die Avocado (*Persea americana*) den Eindruck einer klassischen Steinfrucht mit einem riesigen Kern in der Fruchtmitte. Allerdings ist das kein Steinkern, sondern ein Same. Denn an der Bildung der Hülle sind keine Anteile der Fruchtwand beteiligt, wie es bei Steinfrüchten der Fall ist. Die Avocado ist stattdessen eine einsamige Beere, bei der die äußerste Schicht der Fruchtwand (Exokarp) häutig ist und die beiden inneren Schichten (Meso- und Endokarp) fleischig. Die ursprünglichen Ausbreiter der Avocado waren am mittelamerikanischen Naturstandort ehemals Riesenfaultiere, die die riesigen Samen schlucken konnten. Das Riesenfaultier musste täglich etliche dieser fetthaltigen „Energiebomben" fressen, ist aber nach der letzten Eiszeit ausgestorben. Heute wird die Avocado nur noch durch künstliche Anpflanzungen ausgebreitet.

Reife Beere mit einem großen, steinkernartigen Samen. (VMD)

193 Die Kaffee-„Kirsche" ist eine Steinfrucht mit zwei Steinkernen, wie kann das sein?

Die klassische Steinfrucht hat eine dreischichtige Fruchtwand, die sich zum Zeitpunkt der Samenreife von außen nach innen in ein häutiges Exo-, ein fleischiges Meso- und ein verholztes Endokarp differenziert. Die Wand des großen Steinkerns ist die verholzte innerste Schicht des Fruchtblattes. Beim Kaffeestrauch (*Coffea arabica*) ist der Fruchtknoten aus zwei Fruchtblättern verwachsen. Dabei entsteht in jedem Fruchtblatt nur ein einziger Same. Folglich werden in einer Kaffee-„Kirsche", dem Verwachsungsprodukt aus zwei Fruchtblättern, auch immer zwei Steinkerne gebildet. Jeder von ihnen enthält einen Samen mit einem Embryo.

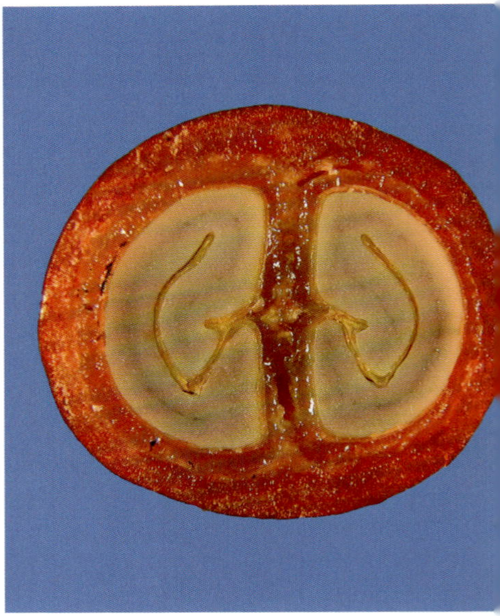

Kaffeekirschen; links: Am Strauch; rechts: Reife Kaffeekirsche im Querschnitt mit 2 Samen. (VMD)

194 Wie sieht denn die Blüte der Feige aus?

Wohlbekannt ist die saftig-süße Frucht der Feige (*Ficus carica*), aber die Blüten verstecken sich scheinbar, da doch von Anfang an vermeintlich immer nur kleine Feigenfrüchte erkennbar sind. Bei *Ficus*-Arten stehen die winzigen Blüten in kompakten Blütenständen, deren Blütenstandsachse stark krugförmig aufgewölbt und fleischig ist. Lediglich im obersten Bereich ist eine kleine Öffnung (Ostiolum) ausgespart. Deshalb sehen die Blütenstände bereits in der Knospe wie kleine Feigenfrüchte aus. Schneidet man diese längs, erkennt man im Inneren die zahlreichen kleinen männlichen und weiblichen Blüten. Der Bestäubungsmechanismus ist sehr kompliziert, bestäubt wird durch die Feigengallwespe. Bei unseren Essfeigen ist diese Bestäubung allerdings, wie auch bei anderen Kulturpflanzen, nicht nötig. Aus dem Blütenstand geht eine Sammelnussfrucht hervor, die prinzipiell ähnlich aufgebaut ist wie die Hagebutte der Rosen. Auch bei der Feige sind zahlreiche, freie, nicht verwachsene Fruchtblätter vorhanden. Mit zunehmender Fruchtreife bilden die Fruchtblätter kleine einsamige Nüsschen aus, deren Fruchtwand verholzt und sich nicht öffnet. Zeitgleich schwillt der Blütenstandsboden noch stärker fleischig an und dient somit zur Anlockung von Ausbreitern.

Querschnitt durch einen Blütenstand einer Feige (*Ficus pumila*). (VMD)

195 Sind Magnolienblüten essbar?

In China werden Magnolienblüten traditionell gegessen. Sie werden dort in manchen Gegenden in Teig getaucht und in Fett ausgebacken. Dazu gut geeignet sind die auch bei uns in Gärten gepflanzten Tulpen-Magnolien (*Magnolia × soulangeana*) und die aus China stammende Yulan-Magnolie (*M. denudata*). Die Blüten asiatischer Magnolien öffnen sich bei uns etwa von März bis April noch vor dem Laubaustrieb und die Bäume sind dann meist üppig mit großen Blüten übersät. Nach einer Woche sind sie aber meist schon wieder verblüht, weshalb schnell entschlossen geerntet werden sollte. Besonders der Yulan-Magnolie entströmt ein frisches Zitronen-Aroma. Die Blütenblätter haben aber auch einen etwas bitteren Geschmack und können Salaten beigemengt werden oder Muffin-Teig aromatisieren. Süßspeisen wie Milchreis oder Vanillepudding lassen sich mit den rosa Blütenblättern der Tulpen-Magnolie auch optisch aufpeppen.

196 Warum wird Vanille als „Königin der Gewürze“ bezeichnet?

Das Vanillegewürz stammt aus den Kapselfrüchten der Vanille-Orchidee (*Vanilla planifolia*). Diese aus Mexiko stammende Pflanze klettert an Trägerpflanzen bis 10 m hoch und bildet in den Achseln ihrer dickfleischigen Blätter gelblichweiße Blüten. Die Blüten einer Pflanze blühen immer nur einzeln auf, sind nur für kurze Zeit am Vormittag geöffnet und werden von verschiedenen Bienen (z. B. Prachtbienen) bestäubt. Orchideen geben ihren Pollen nicht in Form von Blütenstaub ab, sondern der gesamte Pollen des einzigen Staubblattes wird in Form zweier Pakete abgegeben und dem Bestäuber beim Blütenbesuch angeheftet. Seitdem das Vanille-Monopol von Mexiko 1846 gebrochen wurde, wird Vanille vor allem auf Madagaskar und Réunion (früher Bourbon, deshalb Bourbon-Vanille) sowie in Indonesien angebaut. Dort fehlen aber die natürlichen Bestäuber der Vanille, weshalb die Vanillepflanzen an niedrigen Rankgestellen so kultiviert werden, dass die ganze Pflanze erreichbar ist. In einer Plantage müssen dann jeden Morgen die einzelnen Blüten aufwändig von Hand bestäubt werden: Mit einem Holzstöckchen wird die Narbe hochgedrückt und die direkt benachbarten beiden Pollenpakete werden auf die Narbe verschoben. Der Mensch sorgt hier also für Selbstbestäubung und die darauffolgende Fruchtbildung. Auch in Mexiko wird Vanille händisch bestäubt, da in einer Orchideenplantage nur ein Teil der Blüten durch die Bienen bestäubt wird. Die bis 20 cm langen, schmalen Kapselfrüchte werden im unreifen Zustand geerntet und anschließend einer arbeitsintensiven Fermentation unterzogen: Die Früchte werden mehrmals tagsüber in die Sonne gelegt und in der Nacht in luftdicht geschlossene „Schwitzkästen" gegeben. Erst dadurch erhalten die Vanillefrüchte ihre braune Farbe und bleiben biegsam, und das aromatische Vanillin bildet sich in der Fruchtwand. Die Bestäubung einzelner Blüten per Hand und die etwa vierwöchige Fermentationsprozedur machen Vanille zu einem der teuersten Gewürze und damit zur Königin der Gewürze. Ein Höchststand des Weltmarktpreises lag 2019 um 600 Euro pro Kilogramm, die Tendenz ist aber wieder sinkend.

Blüte (links) (HST) und unreife Kapseln (VDM) der Vanille-Orchidee (*Vanilla planifolia*).

197 Aus welchen Blütenteilen wird das teuerste Gewürz der Welt gewonnen?

Das teuerste Gewürz der Welt ist Safran aus dem Safran-Krokus (*Crocus sativus*). Die Knollenpflanze blüht im Herbst (Oktober, November) mit hellvioletten Blüten, die eine schmale Kronröhre und sechs freie Kronblattzipfel haben. Unterirdisch über der Knolle steht der Fruchtknoten, von dem der lange Griffel nach oben wächst. Am Ende spaltet er sich in drei bis etwa 4 cm lange fadenförmige Narben, die weit aus der Blüte herausschauen und durch ihre orange Färbung auffallen. Als Gewürz werden nur die fädigen Narbenschenkel verwendet. Dafür werden die Blüten morgens geerntet und die Narben von Hand aus den Blüten gezupft. Rund 200.000 Safran-Blüten werden für 1 kg Safran benötigt – das ist sehr mühsam. Deshalb ist das Safran-Gewürz auch so teuer, und 1 kg kostet etwa 30.000 Euro. Mit Safran werden Speisen gelb gefärbt (Safran macht den Kuchen gehl). Gleichzeitig verleiht das Gewürz einen charakteristischen Geschmack. Der teure Safran wird immer noch gefälscht, durch andere Zutaten wie Kurkuma gestreckt oder durch nicht aromatische Blütenteile anderer Pflanzen ersetzt. Safran-Fäden werden nachgeahmt mittels Röhrenblüten der Färberdistel (*Carthamnus tinctorius*) oder dünne Paprikastreifchen. Diese Fälschungen färben zwar auch gelb, sind aber geschmacksfrei. Echte Safranfäden lassen sich schon mit wenig

Links: Echter Safran (*Crocus sativus*); rechts: Färberdistel (*Carthamnus tinctorius*). (VMD)

Übung durch ihre schmale Form und die Schenkel erkennen. Wird echter, stark wasserlöslicher Safran zwischen feuchten Fingern zerrieben, tritt eine intensive Gelbfärbung auf, bei „Pseudosafran" jedoch nicht.

198 Gibt es Erdbeeren, die auf Bäumen wachsen?

Nein, denn alle Erdbeerpflanzen sind Stauden aus der Familie der Rosengewächse. Für Irritation kann aber wegen seiner deutschen Bezeichnung der Erdbeerbaum (*Arbutus*) sorgen. In Süd-Europa sind zwei Arten heimisch: der Westliche und der Östliche Erdbeerbaum (*Arbutus unedo* und *A. andrachne*). Die großen Sträucher bzw. kleinen Bäume mit oft rotbraunen Stämmen werden zu den Heidekrautgewächsen gestellt, was ihre urnenförmigen weißen Blüten erkennen lassen, die den Blüten von Heidekraut ähneln. Die kugeligen, leuchtend roten Früchte sind mehrsamige Beeren, die an kleine Erdbeeren erinnern. Allerdings schmecken die Früchte im Gegensatz zu den aromatischen Erdbeeren eher süßlich-fade. In Portugal wird traditionell aus den Früchten Medronho, ein klarer Schnaps, gebrannt. In Italien, besonders auf Sardinien, liefern die Blüten, die von Bienen sehr stark frequentiert werden, einen bitteren Honig namens Amaro di Corbezzolo.

Fruchtender Erdbeerbaum (*Arbutus unedo*). (HST)

199 Stammt die Garten-Erdbeere von der Wald-Erdbeere ab?

Man könnte vermuten, dass die großen saftigen Früchte der Garten-Erdbeere (*Fragaria × ananassa*) durch Züchtung aus der kleinfrüchtigen heimischen Wald-Erdbeere (*F. vesca*) hervorgegangen sind. Dem ist aber nicht so, denn sie ist eine zufällige Kreuzung zweier amerikanischer Arten: Scharlach-Erdbeere (*F. virginiana*) aus Nordamerika und Chile-Erdbeere (*F. chiloense*) aus Südamerika. Die Chile-Erdbeere wird wegen ihrer Früchte seit über 1.000 Jahren in den Anden angebaut. Anfang des 17. Jahrhunderts brachten französische Siedler die Scharlach-Erdbeere aus Kanada nach Europa. Wenig später trafen auch Pflanzen aus Virginia in Europa ein. Aus Südamerika brachte der französische Kapitän, Kartograph und Botaniker FREZIER (Erdbeere auf Französisch heißt fraise) im 19. Jahrhundert die Chile-Erdbeere aus Südamerika mit. Einzeln angebaut war der Fruchtansatz gering. Französische Bauern erkannten, dass Fremdbestäubung nötig ist. Scharlach- und Chile-Erdbeeren wurden deshalb gemeinsam angepflanzt. Anfang des 18. Jahrhunderts entstand aus beiden zufällig eine Hybride, die weiterkultiviert wurde. Erst Mitte des 19. Jahrhunderts wurden in Deutschland in der warmen Umgebung von Baden-Baden Erdbeeren vermehrt angebaut. Mit einer Ananas hat *F. × ananassa* gemeinsam, dass Ananas und Erdbeere eigentlich keine Früchte, sondern Fruchtverbände sind (Ananas = Überbeere, Erdbeere = Sammelnussfrucht).

Ein Herz für Erdbeeren. (HST)

200 Was sind die Rosen des Blumen- und Rosenkohls?

Beim Blumenkohl (*Brassica oleracea* var. *botrytis*) beendet die Sprossachse mit der Ausbildung eines riesigen Blütenstandes ihr Wachstum. Diesen Blütenstand verwenden wir im knospigen Zustand als Gemüse, wie dies beispielsweise auch für Broccoli und Romanesco zutrifft. Der Blütenstand des Blumenkohls ist dabei reich verzweigt und fleischig. Die einzelnen Teilblütenstände werden als Rosen bezeichnet. Jede seitliche Rose baut sich wiederum aus zahlreichen kleineren Teilblütenständen (Röschen) auf. Dieses Verzweigungsmuster wiederholt sich immer weiter bis zu den letzten einzelnen Röschen und ist besonders im Längsschritt durch einen Blumenkohl gut sichtbar. Anders verhält es sich beim Rosenkohl (*Brassica oleracea* var. *gemmifera*). Hierbei handelt es sich um eine unverzweigte Pflanze mit zahlreichen kugeligen Seitenknospen, die allerdings nicht weiter austreiben. Diese vegetativen Seitenknospen werden geerntet und ebenfalls als Rosen bezeichnet.

Beim Blumenkohl (links) und beim Romanesco (mittig) werden die einzelnen Teilblütenstände als Röschen bezeichnet, beim Rosenkohl (rechts) die seitlichen vegetativen Knospen. (VMD)

201 Blüht die Erdnuss ober- oder unterirdisch?

Diese Frage ist nicht ganz unberechtigt, denn die Hülsenfrucht der Erdnuss (*Arachys hypogaea*) reift unterirdisch im Boden. Aber wie kommen die Früchte in den Boden? Die Erdnuss blüht natürlich wie alle Pflanzen oberirdisch und bildet eine typische insektenbestäubte, gelbe Schmetterlingsblume. Nach der Blütezeit verlängert sich jedoch der Blütenstiel stark und bildet einen Fruchtträger (Karpophor), der nun zum Boden hinwächst (positiv-geotropes Wachstum). Der Karpophor dringt in den Boden ein und die Frucht entwickelt sich unterirdisch. Zum Zeitpunkt der Samenreife öffnet sich die Frucht nicht. Somit sind die Samen nicht einzeln ausbreitbar, die Erdnuss „pflanzt" sich quasi selbst.

Erdnuss (*Arachis hypogaea*); links: Oberirdische Schmetterlingsblüte; rechts: Unterirdische Früchte. (VMD)

202 Stammen Schwarzer, Grüner und Weißer Pfeffer von drei verschiedenen Arten?

Nein, denn alle diese Pfefferkörner stammen von der in Indien heimischen Kletterpflanze namens Schwarzer Pfeffer (*Piper nigrum*). Wie die Gewürzkörner später aussehen, hängt vom Erntezeitpunkt und ihrer weiteren Verarbeitung ab. Werden die unreifen Steinfrüchte bei beginnender Rötung geerntet und getrocknet, erhält man den scharfen Schwarzen Pfeffer mit runzeliger Haut und Steinkern. Der mildere Weiße Pfeffer stammt von reifen Früchten, die man gären lässt und denen das Fruchtfleisch abgerieben wird. Grüner Pfeffer wird aus vorreifen grünen, nicht geschälten und nicht getrockneten Früchten hergestellt, die in Salzlake eingelegt werden. Der würzige Geschmack ist u. a. auf das enthaltene ätherische Öl sowie auf das Alkaloid Piperin zurückzuführen.

Fruchtende Pfefferpflanze (*Piper nigrum*). (VMD)

203 Was haben Bilsenkraut-Samen mit Bier zu tun?

Das Schwarze Bilsenkraut (*Hyoscyamus niger*) stammt aus dem Mittelmeergebiet, ist aber auch in Mitteleuropa als einjährige Art kultivierbar. Seine glockenförmigen hellgelben, dunkel geaderten Kronblätter haben in der Blütenmitte einen schwarzvioletten Fleck. An den reifen Kapseln bleibt der Kelch erhalten. Die Früchte enthalten 300-400 dunkle Samen und öffnen sich mit einem Deckel. Das stark giftige Nachtschattengewächs enthält wie die Tollkirsche Alkaloide wie Atropin, Hyoscyamin und Scopolamin. Aufgrund dieser Wirkstoffe wurde Bilsenkraut schon im Altertum zum Narkotisieren verwendet, ist ein schmerz- und krampfstillendes Mittel, wurde bei Magenschmerzen sowie in Asthmazigaretten eingesetzt. Die Einnahme von Samen kann zu rauschartigen Zuständen mit Halluzinationen führen. Samen des Bilsenkrautes wurden bis ins Mittelalter dem Bier zugesetzt, um dessen berauschende Wirkung zu fördern. Es wird gelegentlich beschrieben, dass auf ein damaliges Anbaugebiet des Bilsenkrautes auch der Name des tschechischen Brauerei-Ortes Pilsen zurückzuführen sei, was allerdings nicht sicher belegt sei. Ein gutes Pils enthält jedenfalls schon lange keine Bilsenkraut-Samen mehr – dem Reinheitsgebot sei Dank.

Blüte (links) und Samen (rechts) des Schwarzen Bilsenkrautes (*Hyoscyamus niger*). (HST (links), VMD (rechts))

204 Wie werden samenlose Zitruspflanzen und Weinreben vermehrt?

Samenlose Weintrauben und Zitruspflanzen sind gärtnerische Selektionen und kommen wild in dieser Form nicht vor. Eine natürliche Vermehrung der Pflanzen ist wegen des fehlenden Samens ausgeschlossen. Daher würden solche samenlosen Sorten ohne menschliches Zutun schnell wieder verschwinden. In der Pflanzenproduktion werden derartige Sorten aber stets vegetativ durch Veredelungen vermehrt. Hierbei werden entweder Äste (Edelreiser) oder Knospen der samenlosen Selektionen auf eine pflanzliche Unterlage (meist eine Wildart) gepfropft. Die Edelreiser verwachsen mit der Unterlage, treiben erneut aus und bringen in ihrer weiteren Entwicklung wieder samenlose Früchte hervor. Somit ist sichergestellt, dass die so produzierten Pflanzen allesamt identisch sind und die gleichen Fruchteigenschaften aufweisen.

205 Wie lassen sich Kokosnüsse elegant öffnen?

Kokosnüsse, die Steinkerne aus den Früchten der Kokospalme (*Cocos nucifera*), lassen sich auf unelegante Art und Weise öffnen, indem sie auf den Boden geworfen oder mit einem Hammer aufgeschlagen werden. Es geht aber sauberer und eleganter, indem man die Kokosnuss in der linken Hand so hält, dass der Pol mit den drei Keimporen nach unten weist. Mit einem entsprechend harten Kieselstein in der rechten Hand kann man nun etwa im oberen Drittel rund um den porenfreien Pol der Kokosnuss klopfen. Ähnlich wie bei einem gekochten Ei, dessen Schale durch Anklopfen mit einem Metalllöffel aufbricht, entsteht auch bei der Kokosnuss ein ringförmiger Riss. Das obere Drittel der Kokosnuss ist nun wie eine Kappe abnehmbar. Das Kokoswasser kann getrunken und das weiße „Kokosfleisch“ aus dem Kern gekratzt werden.

206 Was sind Kapern?

Der Kapernstrauch (*Capparis spinosa*) ist im Mittelmeerraum heimisch und wächst dort oft an Mauern mit lang herabhängenden Trieben. Auffällig sind die großen weißen Blüten, die sich zur Nacht hin öffnen, um von Nachtfaltern bestäubt zu werden. Die jeweils vier Kelch- und größeren Kronblätter umschließen die zahlreichen, an der Spitze violett gefärbten Staubblätter sowie den Fruchtknoten. In der Küche verwendet werden die Blütenknospen, die man welken lässt, salzt und in Öl oder Essig einlegt. Kapernäpfel sind die eingelegten, ebenfalls in der Küche genutzten Kapern-Früchte. Von der Insel Salina (Liparische Inseln, nördlich von Sizilien) stammen angeblich die hochwertigsten Kapern. Zur Blütezeit wird hier jährlich am 1. Juni-Wochenende ein Kapernfest gefeiert. Auch von anderen Arten wie Bärlauch (*Allium ursinum*), Große Kapuzinerkresse (*Tropaeolum majus*), Löwenzahn (*Taraxacum* spec.) und Gänseblümchen (*Bellis perennis*) lassen sich die Blütenknospen ähnlich konservieren und als Kapernersatz verwenden. Ein bekanntes Rezept mit Kapern fernab der italienischen Küche sind Königsberger Klopse.

Kapernblüte (*Capparis spinosa*). (HST)

207 Von welcher Pflanze stammen die Fliederbeeren?

Die Antwort „Flieder" (*Syringa*) wäre zu banal, zumal die Fliederfrüchte trockene, wenigsamige Kapselfrüchte sind. Als Fliederbeeren werden vielmehr die schwarzen saftigen Früchte des Schwarzen Holunders (*Sambucus nigra*) bezeichnet. Allerdings sind sie auch keine Beeren, sondern Steinfrüchte. Der etwas verwirrende Name stammt aus dem Plattdeutschen, wo Holunder lokal auch „Fledder" oder „Flieder" heißt. Die Früchte enthalten die giftige Substanz Sambunigrin und sollten nicht roh verzehrt werden, weil es sonst zu Durchfall und Kopfschmerzen kommen kann. Durch Kochen wird das Gift zerstört, sodass die Früchte genießbar werden. Sie enthalten reichlich Vitamine A, B und C und lassen sich zu Saft, Marmelade, Gelee und Kompott verarbeiten. Die schwarzrote Farbe stammt von Anthocyanen, die auch in roten Weintrauben enthalten sind.

Reife Früchte des Schwarzen Holunders (*Sambucus nigra*). (VMD)

Geschichten

Anekdoten, Symbolik, Mythologie, Redewendungen

208 Welcher Zusammenhang besteht zwischen den Samen des Johannisbrotbaums und Edelsteinen?

Der Johannisbrotbaum (*Ceratonia siliqua*) hat eine Gliederhülse, bei der sich die Fruchtwand zwischen den einzelnen Samen jeweils einschnürt. Obwohl die Samen verschieden groß sind, haben sie ein gemeinsames Merkmal: Sie wiegen alle mehr oder weniger 0,2 g, was der Gewichtseinheit eines Karats entspricht. In früheren Zeiten, als es noch keine Feinwaagen gab, wurden die Samen des Johannisbrotbaums wegen ihres konstanten Gewichts als Gegengewichte für die Ermittlung der Karat-Zahl von Edelsteinen genutzt.

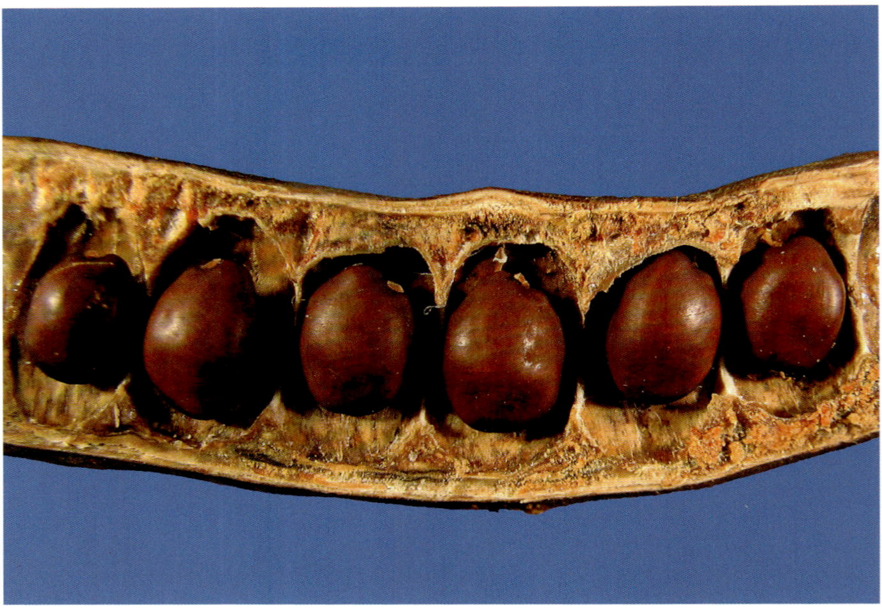

Johannisbrotbaum (*Ceratonia siliqua*); geöffnete Gliederhülse mit reifen Samen. (VMD)

209 Woher hat das Stiefmütterchen seinen Namen?

Das Garten-Stiefmütterchen (*Viola × wittrockiana*) und das ähnliche Horn-Veilchen (*Viola cornuta*) sind dankbare Frühlingsblüher für Balkon und Garten. Fast wie mit einem Gesicht schauen uns die Blüten an. Aber warum ist es gerade die aus den Märchen bekannte böse Stiefmutter? Dazu sollte man das Stiefmütterchen von der Rückseite betrachten: Das unterste große und oft mehrfarbige Blütenblatt sitzt auf zwei Kelchblättern und wird als die „Stiefmutter“ gedeutet. Sie überlappt (beschützt) die mittleren zwei, ebenfalls bunten Blütenblätter, ihre „Töchter“. Jede „Tochter“ sitzt auf einem eigenen „Stuhl“ (Kelchblatt). Die obersten beiden Blütenblätter, die „Stieftöchter“, sind unauffälliger gefärbt; sie müssen sich einen einzigen „Stuhl“ (Kelchblatt) teilen. Das Garten-Stiefmütterchen geht meist „stiefmütterlich” mit Insekten um, denn die Blüten sind nektarfrei. Es ist deshalb empfehlenswert, für die Frühlingsbepflanzung die kleineren, nektarhaltigen Horn-Veilchen zu verwenden oder zumindest eine Mischung aus beiden zu pflanzen.

Stiefmütterchen (*Viola × wittrockiana*) Blüte von der Vorder- und Hinterseite. (HST)

210 Ist der Goldmohn so verschlafen, dass er Schlafmützchen heißt?

Der Kalifornische Goldmohn (*Eschscholzia californica*) kommt vom Südwesten der USA bis nach Mexiko vor und ist Nationalblume von Kalifornien. Er kann ausdauernd mehrjährig sein oder wächst einjährig. Bei uns ist er eine beliebte einjährige Sommerblume für sonnige, wasserdurchlässige Standorte und verwildert stellenweise. Der Blütenboden trägt einen ringartigen Wulst. Darüber befinden sich die zwei verwachsenen Kelchblätter (die Haube oder Kalyptra), die die Blüte wie eine Zipfel- oder Schlafmütze aus alten Zeiten schützend umschließen. Deshalb wird dieser Mohn auch Schlafmützchen genannt. Strecken sich die vier, meist orangegelben Kronblätter, reißt die Zipfelmütze seitlich auf und wird nach oben weggeschoben, bis sie abfällt. Die Kalyptra lässt sich auch zwischen zwei Fingern von der Blütenknospe abziehen.

Knospe des Goldmohns (*Eschscholzia californica*) mit dem Kelchmützchen. (HST)

211 Warum werden falsche Fuffziger & Co. Blüten genannt?

Falschgeld wird umgangssprachlich als „Blüten“ bezeichnet. Eine blütenreine Weste hat derjenige jedenfalls nicht, der Falschgeld herstellt oder bewusst in Umlauf bringt. Geld wurde schon immer gefälscht. Wurde billiges Kupfergeld so lange poliert, dass es golden glänzte, wurde es zum gefälschten Goldstück. Solche polierten, minderwertigen Geldstücke hießen „Blede“, was dann zu „Blüte“ geworden sein könnte. Aufwändiger war es, aus Zinnplatten Goldstücke mitsamt ihrer Prägung zu kopieren und die Zinnmünzen mit einer dünnen Goldschicht zu überziehen. Die Zinnplatten hießen „Blate“, ebenfalls ähnlich klingend wie „Blüte“. Offiziell wird polizeilich unter „Blüten“ aber nicht betrügerisches Falschgeld verstanden, sondern Spielgeld. Dieses ist anders bedruckt als echte Geldscheine und niemals als Zahlungsmittel vorgesehen.

212 Was haben die Blüten der Passionsblume mit dem Leiden CHRISTI zu tun?

Als die ersten spanischen Missionare in Südamerika Passionsblumen (*Passiflora*) entdeckten, meinten sie zahlreiche christliche Symbole in deren Blüte zu erkennen, die die Passion CHRISTI symbolisieren würden: Die fünf Staubblätter wurden als die fünf Wunden, die durch die Kreuzigung entstanden sind, betrachtet. Die drei Narbenäste sollen entweder die drei Nägel symbolisieren, mit denen CHRISTUS ans Kreuz genagelt wurde, oder die heilige Dreifaltigkeit. Die strahlige Nebenkrone wurde als Dornenkrone interpretiert, sie könnte aber auch die zerrissenen Kleider verkörpern. In den zehn Blütenhüllblättern wurden die zehn Jünger erkannt. Die Säule, der der Fruchtknoten aufsitzt, sollte den Kelch des letzten Abendmahls darstellen und der Fruchtknoten den mit Essig getränkten Schwamm. Lediglich das Symbol des Kreuzes als Gipfel des Leids wurde in der Blüte nicht gefunden.

Blüte der Fleischfarbenen Passionsblume (*Passiflora incarnata*). (VMD)

213 Was haben „Echte“ und „Unechte“ Rosen von Jericho mit echten Rosen gemeinsam?

Nicht sehr viel, denn die echten Rosen (*Rosa*) gehören zur Familie der Rosengewächse (Rosaceae). Die aus dem nordafrikanisch-ostmediterranen Raum stammende „Echte“ Rose von Jericho (*Anastatica hierochuntica*) dagegen ist ein Kreuzblütler (Brassicaceae). Die in Mexiko heimische Unechte Rose von Jericho (*Selaginella lepidophylla*) ist ein mit Farnen verwandtes Bärlappgewächs. *Selaginella lepidophylla* ist eine wechselfeuchte (poikilohydre) Pflanze, die vollständiges Austrocknen verträgt. Nach erneuter Wasserbenetzung kann sich die vermeintlich tote Pflanze wieder regenerieren. Aufgrund dieses „Wiederauferstehens“ hat sie hohen Symbolwert und wird auf Weihnachts- und Ostermärkten regelmäßig angeboten. Die Echte Rose von Jericho dagegen ist bei uns meist nur in Botanischen Gärten in Kultur. Sie wurde früher aber tatsächlich aus dem Heiligen Land mitgebracht. Zur Fruchtreife und mit Einsetzen der Trockenzeit stirbt die einjährige Pflanze ab. Dabei krümmen sich die absterbenden Äste stark ein und schützen die Früchte mit den Samen. In der nächsten Regenzeit quellen die kugelig eingerollten Pflanzenkugeln auf und entrollen ihre Äste wieder. Einzelne Stückchen der Pflanze sowie die Früchte brechen ab und entlassen die Samen. Die Samen nutzen die gerade gute Wasserversorgung und keimen schnell.

Links: Echte Rose von Jericho (*Anastatica hierochuntica*), abgestorbene und kugelig eingerollte Pflanze; rechts: Geschlossene und eingetrocknete Unechte Rose von Jericho (*Selaginella lepidophylla*). (VMD)

214 Welche Symbolik steckt hinter roten Nelken?

Rote Gartennelken (*Dianthus caryophyllus*) und andere rote Nelken haben ähnlich wie rote Rosen einen hohen Symbolwert. Im Mittelalter war die rote Nelke eine Pflanze der MARIA und ein Symbol der Leidensgeschichte CHRISTI. Schmückten sich Damen mit einer weißen Nelke, waren sie verlobt. Eine rote Nelke zeigte, dass sie verheiratet waren. Am Ende des 19. Jahrhunderts hat sie zudem politische Bedeutung gewonnen. Seit dem Sozialistenkongress 1889 in Paris, bei dem der 1. Mai zum Tag der Arbeit deklariert wurde, symbolisiert sie die Arbeiterbewegung. Anstelle der Fahnen trugen die Gleichgesinnten als Erkennungsmerkmal rote Nelken im Knopfloch. Sozialistische Parteien vieler Länder verwenden rote Nelken in ihrem Emblem. Während der portugiesischen Nelkenrevolution am 25. April 1974 lehnte sich das Militär gegen die Diktatur auf, was den Anfang der Demokratie in Portugal bedeutete. Den aufständischen Soldaten wurden rote Nelken in die Gewehrläufe gesteckt.

Blühende Bartnelke (*Dianthus barbatus*). (HST)

215 Gibt es die blaue Blume der Romantik wirklich?

Die sagenumwobene blaue Blume der Romantik ist nur eine Fantasiepflanze, die vom Schriftsteller NOVALIS (1772–1801) in seinem Romanfragment „HEINRICH VON OFTERDINGEN" beschrieben wird: „Was ihn aber mit voller Macht anzog, war eine hohe lichtblaue Blume". Auch der romantische Dichter EICHENDORFF (1788–1857) huldigte in einem Gedicht diese blaue Blume. Sie steht für Sehnsucht, Unerreichbarkeit und Unendlichkeit. Blüten mit rein blauen Blüten gibt es in der europäischen Flora nur wenige. Fast unerreichbar ist beispielsweise der Himmelsherold (*Eritrichum nanum*), eine polsterförmige Verwandte des Vergissmeinnichts mit himmelsblauen Blüten. Diese Alpenpflanze kommt nur in großen Höhen in der alpinen Stufe in über 2.000 m Höhe vor. Dennoch wurde immer wieder darüber nachgedacht, ob eine der wenigen Pflanzen mit rein blauen Blüten vielleicht das Vorbild für die Blaue Blume gewesen sein mag. Wegwarte (*Cichorium intybus*) oder Kornblume (*Centaurea cyanus*) werden als mögliche Kandidaten diskutiert. Das Vergissmeinnicht (*Myosotis*) oder der Frühlings-Enzian (*Gentiana verna*) mit ihren rein blauen Blüten kommen eher nicht in Frage, weil sie zu niedrig sind und nicht zur gestielten blauen Blüte aus der Literatur passen.

Kornblume (*Centaurea cyanus*), ein Kandidat für das Vorbild der Blauen Blume der Romantik. (HST)

216 Was meint man, wenn man jemandem etwas durch die Blume sagt?

Manches, egal ob Positives wie eine Liebesbekundung oder aber auch negative Kritik, will man nicht immer direkt äußern. Drückt man es hingegen diplomatisch und vorsichtig aus, ist es „durch die Blume gesagt“. Die Redensart geht darauf zurück, dass vielen Blumen seit langem eine bestimmte Symbolik oder Aussage zugeordnet wird. Bis heute haben sich rote Rosen als Liebesbeweis erhalten. Wurden entsprechende Blumen überreicht, konnte auf diese Weise auch Unangenehmes vermittelt werden, ohne es direkt aussprechen zu müssen und dabei vielleicht verletzend zu wirken. Lehnte eine mittelalterliche Hofdame das Werben eines Jünglings ab, schenkte sie ihm eine Strohblume. Wer etwas lieber direkt sagt, spricht es unverblümt aus.

217 Ist der Augentrost gut für die Augen?

Der Gelehrte PARACELSUS (1493–1541) glaubte wie schon die Kelten, an der äußerlichen Ähnlichkeit einer Pflanze oder eines Pflanzenteils mit einem menschlichen Organ erkennen zu können, gegen welche Krankheit sie eine Wirkung hat. Beispiele für diese Signaturlehre sind Lungenkaut, Leberblümchen, Milzkraut, Zahntrost und eben auch der Augentrost (*Euphrasia*). Über 300 *Euphrasia*-Arten sind bekannt. Die zweilippigen Blüten erinnern an Augen mit Wimpern. Das Insekten anlockende gelbe Saftmal kann als Augenfleck interpretiert werden. Nicht immer haben Pflanzen, denen man ohne medizinisches Wissen eine Heilwirkung nachsagte, tatsächlich eine medizinische Wirkung. Der Gemeine Augentrost (*Euphrasia officinalis*) wird aber bis heute in der Augenheilkunde in Form von Augentropfen verwendet, die eine lindernde Wirkung bei tränenden und geröteten Augen haben soll. Außerdem sollen sie unangenehmes Brennen und Jucken beruhigen sowie leichte, nicht-infektiöse Bindehautentzündungen rasch abklingen lassen.

Gemeiner Augentrost (*Euphrasia officinalis*) mit Blüten, die an Augen erinnern. (HST)

218 Welche tödlich giftigen Früchte machen Frauen schön?

Bei den Beerenfrüchten der Tollkirsche (*Atropa belladonna*) deutet es der wissenschaftliche Name bereits an. Die krautige Tollkirsche ist eine der giftigsten heimischen Pflanzen überhaupt. Als Nachtschattengewächs gehört sie einer Pflanzenfamilie an, in der es sehr viele stark giftige Arten gibt. Nur drei bis vier der etwa kirschgroßen, schwarz-glänzenden Beeren gelten für Kinder als tödliche Dosis, für Erwachsenen hingegen liegt sie bei etwa zehn bis zwölf. Toxikologisch relevante Wirkstoffe sind Alkaloide, darunter auch das nach der Tollkirsche benannte Atropin. Seit dem Altertum ist die Tollkirsche in geringer Dosierung eine wichtige Medizinalpflanze, die als Schmerz- und Betäubungsmittel sowie gegen Depressionen und Geisteskrankheiten verwendet wurde. Bei den römischen Frauen waren große Pupillen ein Schönheitsideal, weshalb sich die Damen den Saft aus den Tollkirschen in die Augen tropften, da dieser zur Pupillenerweiterung führt. Augentropfen mit *Atropa*-Extrakt werden noch heute verwendet, beispielsweise zur Pupillenerweiterung vor Augenuntersuchungen.

Reife Beerenfrucht der Tollkirsche. (HST)

219 Was hat Rizinus mit dem Regenschirmmord zu tun?

Im Jahr 1978 wurde an einer Bushaltestelle an der Londoner Waterloo Bridge der bulgarische Schriftsteller und Regimekritiker GEORGI MARKOV von einem Agenten des bulgarischen Geheimdienstes ermordet. Er hatte das Opfer angerempelt und ihm dabei mit einem präparierten Regenschirm ein mit Rizin gefülltes Kügelchen in sein Bein injiziert. Dieser Mordfall ging als Regenschirmmord in die Kriminalgeschichte ein. Rizin ist ein tödliches Gift aus dem Samen der Rizinus-Pflanze (*Ricinus communis*). Die in Afrika heimische, mehrjährige Pflanzenart aus der viele giftige Arten umfassenden Familie der Wolfsmilchgewächse wird bei uns auch als einjährige Sommerpflanze kultiviert. In den roten, stacheligen Fruchtkapseln entwickeln sich die an eine dicke Zecke erinnernden schwarz-beige gemusterten Samen, die den Eiweißstoff Rizin enthalten. Nur wenige Samen sind für einen Erwachsenen tödlich (Kreislaufkollaps), es gibt kein bekanntes Gegenmittel. Weil Rizin wasserlöslich ist, lässt es sich gut vom ebenfalls im Samen enthaltenen Rizinusöl trennen, das u.a. gegen Verstopfung eingenommen wird. Außerdem wird Rizinusöl vor der weiteren Verarbeitung stark erhitzt, um eventuell noch vorhandene Spuren von Rizin abzubauen. Rizin wird als potenzieller biologischer Kampfstoff angesehen. Zudem ist es nicht ratsam, Ketten aus den hübschen Rizinussamen, die auf tropischen Märkten vielerorts verkauft werden, auf nackter Haut zu tragen: Das aus den Löchern der Samenperlen austretende giftige Bohrmehl kann über die Haut aufgenommen werden und u. a. zu Ekzemen führen.

Samen der Rizinus-Pflanze (*Ricinus communis*). (HST)

220 Welche Blüten spielen während der mexikanischen Totentage eine große Rolle?

In Mexiko wird das fröhliche Fest der Toten (Día de los Muertos) vom 31. Oktober bis zum 2. November gefeiert und überall wird mit Totenköpfen und Skeletten dekoriert. An diesen Tagen besuchen angeblich die Seelen der Verstorbenen ihre Verwandten. Es heißt, dass die Verstorbenen gelbe und orange Farben besonders mögen. Deshalb werden die Friedhöfe und der Weg zum Haus der noch lebenden Verwandten üppig mit gelben Blüten dekoriert. Größtenteils sind dies die Blüten der in Mexiko heimischen und bei uns als Sommerblume beliebten Studentenblume (*Tagetes*). *Tagetes* wird deshalb auch als Flor de Muertos (Blume der Toten) bezeichnet. In der Zeit der Totentage werden die Blüten massenhaft auf Märkten verkauft.

Studentenblumen (*Tagetes*) werden bei uns häufig als Sommerblumen gepflanzt. (HST)

221 Haben Botaniker und Zoologen manchmal ähnliche Ideen für die Benennung von Pflanzen und Tieren?

Pflanzen, deren Blüten oder Blätter an Organe von Tieren erinnern, tragen oft den entsprechenden Tiernamen in sich. „Tierische" Blüten(stands)formen führten zu Bezeichnungen wie Paradiesvogelblume (*Strelitzia reginae*), Schmetterlingsorchidee (*Phalaenopsis*), Gewöhnliches Katzenpfötchen (*Antennaria dioica*) oder Gewöhnlicher Natternkopf (*Echium vulgare*). Bei der Pflanze „Ochsenauge“ (*Buphthalmum*) und beim Schmetterling „Großes Ochsenauge“ (*Maniola jurtina*) haben sich Botaniker und Zoologen wohl Ähnliches gedacht. Die Pflanze hat runde gelbe Köpfchenblütenstände. Der Falter trägt auf seinen Flügeln Augenflecken. Selbst bei den wissenschaftlichen Namen gibt es Doppelungen. Die Gattungsbezeichnung *Actaea* wird für das heimische Christophskraut (*A. spicata*) verwendet sowie für tropische Krabben.

Links: Großes Ochsenauge (*Maniola jurtina*), Schmetterling (HST), rechts: Ochsenauge (*Buphthalmum salicifolium*), Korbblütler (VMD).

222 In welcher Blüte badet eine Dame?

Bei uns ist die Zierstaude wegen ihrer herzförmigen Blüten als Tränendes Herz (früher *Dicentra spectabilis*, heute *Lamprocapnos spectabilis*) bekannt. Zwei große äußere rosarote sowie zwei innere weiße tränen- bis löffelförmige Kronblätter umschließen sechs Staubblätter und den Stempel. Dreht man das Blütenherz um und schiebt die roten Kronblätter etwas zur Seite, kann man sich das Bild einer weiß geschrubbten, frisch gebadeten Person in einem Waschzuber vorstellen. Im englischen wird das Tränende Herz deshalb auch „Lady in the bath" genannt.

Die Blüten-Dame im Bad. (HST)

Verwendete und weiterführende Literatur

ATTENBOROUGH, D. (1995). *Das geheime Leben der Pflanzen.* – Scherz Verlag, Bern, München, Wien.

COLE T., HILGER H. & STEVENS P. (2019). Angiosperm Phylogeny Poster – *Flowering Plant Systematics* (1/2019).

DÜLL R. & KUTZELNIGG B. (2016). *Taschenlexikon der Pflanzen Deutschlands und der angrenzenden Länder*, 8. Aufl. – Quelle & Meyer, Wiebelsheim.

HAEUPLER H. & MUER T. (2007). *Bildatlas der Farn- und Blütenpflanzen Deutschlands: Alle 4200 Pflanzen in Text und Bild*, 2. Aufl. – Ulmer, Stuttgart.

HESS D. (2019). *Die Blüte, Struktur, Funktion, Ökologie, Evolution.* 2. Aufl. – Ulmer, Stuttgart.

JÄGER E.W., MÜLLER F., RITZ C.M., WELK E. & WESCHE K. (2017). *ROTHMALER – Exkursionsflora von Deutschland, Gefäßpflanzen Atlasband*, 13. Aufl. – Spektrum, Berlin.

KADEREIT J. W., KÖRNER C., NICK P. & SONNEWALD U. (2021): *Lehrbuch der Pflanzenwissenschaften*, 38. Aufl. – Springer, Berlin.

LEINS P. & ERBAR C. (2010). *Flower and Fruit; Morphology, Ontongeny, Phylogeny; Function and Ecology.* – Schweizerbart Science Publishers, Stuttgart.

LICHT W. (2012). *Einführung in die Pflanzenbestimmung nach vegetativen Merkmalen.* – Quelle & Meyer, Wiebelsheim.

LIEBEREI R. & REISDORFF C. (2012). *Nutzpflanzenkunde*, 8. Aufl. – Thieme, Stuttgart.

LÜDER, R. (2018). *Grundlagen der Feldbotanik. Familien und Gattungen einheimischer Pflanzen.* – Haupt Verlag, Bern.

LÜDER R. (2020). *Grundkurs Pflanzenbestimmung – eine Praxisanleitung für Anfänger und Fortgeschrittene*, 9. Aufl. – Quelle & Meyer, Wiebelsheim.

MABBERLEY D.J. (2017). *MABBERLEY´s plant book*, 4th ed. – Cambridge University Press, Cambridge.

MEEUSE, B & MORRIS, S. (1984). *Blumen-Liebe. Sexualität und Entwicklung der Pflanzen.* – DuMont Buchverlag, Köln.

PALMENGARTEN DER STADT FRANKFURT AM MAIN, Hrsg. (2013). *Palmen. – Palmengarten-Sonderheft 50*, Frankfurt am Main.

PAROLLY G. & ROHWER J.G. (2019). *Schmeil-Fitschen. Die Flora Deutschlands und angrenzender Länder*, 97. Aufl. – Quelle & Meyer, Wiebelsheim.

SEBALD O., SEYBOLD S., PHILIPPI G. (1995). *Die Farn- und Blütenpflanzen Baden-Württembergs*, Band 1-8. – Ulmer, Stuttgart

STEINECKE, H. & POHL-APEL, G. (2014). *Kleine Botanische Experimente.* 3. erweiterte Auflage. – Europa Lehrmittel, Edition Harri Deutsch, Haan-Gruiten.

STEVENS P. F. (2017). *Angiosperm Phylogeny Website. Version 14, Juli 2017 (kontinuierlich aktualisiert)*, http://www.mobot.org/MOBOT/research/APweb/

STROMER, K. & FISCHER, E. P. (2006). *Die Natur der Farbe.* – DuMont Verlag, Köln.
STÜTZEL T. (2021). *Botanische Bestimmungsübungen*, 4. Aufl. – Ulmer, Stuttgart.
TRUEB, L. (1999). *Früchte und Nüsse aus aller Welt.* – Hirzel, Stuttgart, Leipzig.
VERBAND BOTANISCHER GÄRTEN E. V., Hrsg. (2021). *Neue Wilde. Globalisierung in der Pflanzenwelt.* – Verband Botanischer Gärten, Osnabrück.
WAGENITZ G. (2008). *Wörterbuch der Botanik*, 2. Aufl. – Nikol, Hamburg.

Abbildungsverzeichnis

Sofern hier oder unter den einzelnen Bildern nicht anders angegeben, stammen die Bilder von Veit Martin Dörken (VMD) oder Hilke Steinecke (HST).

S. 31: SofianRafflesia, CC BY-SA 4.0 ‹https://creativecommons.org/licenses/by-sa/4.0›, via Wikimedia Commons (https://commons.wikimedia.org/wiki/File:Rafflesia_arnoldii_Bengkulu_02.jpg), zuletzt aufgerufen am 18.03.2022

S. 61: Dartmouth College Electron Microscope Facility, Public domain, via Wikimedia Commons (https://commons.wikimedia.org/wiki/File:Misc_pollen.jpg), zuletzt aufgerufen am 18.03.2022

Sachregister

A

B

L

M

N

O